数学极客

探索数字、逻辑、计算之美

[美] 马克·C. 查-卡罗尔（Mark C. Chu-Carroll） 著

罗文俊 唐飞 王映康 袁科 赵印 译

GOOD MATH

A Geek's Guide to the Beauty of Numbers, Logic, and Computation

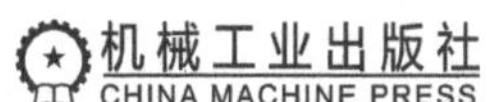
机械工业出版社
CHINA MACHINE PRESS

图书在版编目（CIP）数据

数学极客：探索数字、逻辑、计算之美 /（美）马克·C. 查 – 卡罗尔（Mark C.Chu-Carroll）著；罗文俊等译．—北京：机械工业出版社，2018.6（2024.9 重印）
书名原文：Good Math：A Geek's Guide to the Beauty of Numbers, Logic, and Computation

ISBN 978-7-111-60259-0

I. 数…　II. ①马…　②罗…　III. 数学 – 普及读物　IV. O1-49

中国版本图书馆 CIP 数据核字（2018）第 137850 号

北京市版权局著作权合同登记　图字：01-2016-4308 号。

数学极客：探索数字、逻辑、计算之美

出版发行：机械工业出版社（北京市西城区百万庄大街 22 号　邮政编码：100037）
责任编辑：迟振春
责任校对：李秋荣
印　　刷：北京虎彩文化传播有限公司印刷
版　　次：2024 年 9 月第 1 版第 6 次印刷
开　　本：147mm×210mm　1/32
印　　张：8.5
书　　号：ISBN 978-7-111-60259-0
定　　价：45.00 元

客服电话：（010）88361066　68326294

序

数学是什么？想必大家都知道，这是一个非常有用并且我们每个人都要学习的门类。数字是什么？可能有些人会觉得这个问题太简单了，12345，不就是数字吗？其实有关数学和数字的故事远远不是这么简单。这是一件复杂而有趣的事情。

曾经有学生问我：数学是不是科学？我认为数学不是科学。因为科学的研究成果需要通过实验检验并可重复验证，是实证的；数学的研究成果需要通过逻辑推理证明正确，可称心证。数学是非常美好的。数字世界中，有哪些种类的数？有哪些有趣的数？如何表示这些不同的数？如何书写出这些数？什么是逻辑？什么是集合？如何通过编程使用计算机进行推理？抽象的机器如何完成计算？

本书给出了特别深入浅出的回答。

本书的作者 Mark C. Chu-Carroll 从解读数字的角度为我们打开了重新认识和了解数学的大门。作者在自己的博客上长期向社会大众开展有关数学基本概念的解读，以幽默的方式和独特的理解表达了自己对数学和数字的热爱之情，并在世界范围内极大地推广了学习数学之道。本书共设有六大部分，分别从数字的分类、数字的趣味性、美学性、逻辑性等方面介绍了数字之美、数字之理、数字之用。本书具有非常好的可读性和趣味性，同时也能够为很多没有坚实数学基础的人提供学习和参考的帮助。

通过阅读本书，也让我想起了我曾经给学生讲密码时所用到的“数字”。在给学生讲授“安全信息系统概论”时，我用“一二三四五六七”介绍了密码的理论、实现、应用等问题，即以“一种美、两类函数、三个假设、四项操作、五大属性、六难问题、七例应用”来作讲解。这也说明了我们在日常的学习、工作和生活中可以灵活运用数字来帮助我们理解其他问题。

承蒙罗文俊教授邀请，为本书中译本写序。故为之，朋友们权且看之。

吕述望

丁酉年岁末于北京

译者简介

Good Math

罗文俊　男，1966 年生，重庆合川人，博士，教授。重庆邮电大学网络空间安全与信息法学院教师。

唐　飞　男，1986 年生，重庆垫江人，博士，副教授。重庆邮电大学网络空间安全与信息法学院教师。

王映康　男，1965 年生，四川苍溪人，硕士，高级工程师。国网重庆市电力公司信息通信分公司副总工程师。

袁　科　男，1982 年生，河南南阳人，博士。2014 年毕业于南开大学，现为河南大学副教授，主要研究方向是密码学、信息安全、区块链。

赵　印　武汉大学信号处理实验室硕士，阿里巴巴高级算法专家，主要研究方向是推荐算法、深度学习和用户增长与体验优化。

前　言

Good Math

这本书来自哪里

在成长过程中，我对父亲最早的记忆是数学。我爸爸是一位物理学家，他在 RCA 公司做半导体制造，所以他的工作涉及很多数学知识。周末他有时会带着一些未完成的工作回家。他会坐在我们家的客厅里，身边散落着一堆纸张和他那把可靠的计算尺。

作为一个极客小孩，我认为他做的东西看起来很酷，我问他相关的一些事情。当我这样做的时候，他总是停下手上的工作，向我解释。他是个了不起的老师，我从他那里学到了很多数学知识。在我上三年级的时候，他就教给我贝尔（钟形）曲线、标准差和线性回归的基本知识！直到我上大学之前，我在学校的数学课上从来没有学过任何东西，因为在我上课之前，我爸爸已经教给我更多的数学知识。

他做的不仅仅是向我解释内容。他教我如何教书。他总是告诉我，在你向别人解释某事之前，你自己不会真正明白它。所以他会让我把内容解释给他听，好像他不知道那些似的。

那些和爸爸在一起的时光奠定了我对数学的热爱之情，并且一直持续了几十年。

大约在 2006 年，我开始读科学博客。我觉得这些博客的内容真的很吸引人，真的令人激动。但我不认为我有什么话可以引起别人的兴趣，所以我只是读别人写的，有时候做点评论。

然后有一天，我读了一个叫“Respectful Insolence”的博客，作者的笔名是 Orac，是一名专业的肿瘤外科医生。他谈到几个怪人完成了一篇论文，他们从数据中得出了荒谬的结论，并将它发表在了公共数据库中。Orac 精心地驳斥了他们的论点，解释为什么作者声称的基础医学和生物学是荒谬的。但在阅读原文后，令我印象深刻的是，反驳作者对生物的误解是不必要的，他们解释图形数据的整个论断完全是虚假的。那时候我意识到，存在大量的生物学家、医生、神经病学家、生理学家、物理学家的博客，并且各有特点，但是没有一个博客是关于数学的！

于是我去 Bolgger 网站创建了一个博客。我写了我对草率数学的批判，然后把链接发送给 Orac。我想可能会有几十人来读它，我可能会在几个星期后放弃它。

但是，我在我的新博客上发表了第一篇文章之后，我就想起了我的爸爸。他是那种不喜欢花时间取笑别人的人。偶尔做这件事很好，但要把整个爱好都放弃呢？他是不会引以为傲的。

记得他教我的方法，我开始写我喜欢的那种数学，努力帮助其他人看到为什么它是如此美丽、如此有趣、如此迷人。最终的结果是我的博客——Good Math/Bad Math。我写博客已经快七年了，现在我的文章数以千计！

当我开始写博客的时候，我想没人会对我说的话感兴趣。我想我可能会被几十人读到，我会在几个星期后放弃。相反，几年后，我获得了成千上万的粉丝，他们阅读了我写的每一篇文章。

这本书是我接触更多读者的方式。数学是有趣的、美丽的、迷人的。我想与你分享乐趣、美丽和魅力。在这本书中，你会发现我和我爸爸一起度过的时光，他教我热爱数学，教我如何教别人。

我一直保留着他的计算尺。这是我最珍贵的财产之一。

读者对象

如果你对数学感兴趣，这本书是给你的！我试着把它写出来，以便任何一个有高中数学基础的人都能阅读。具有更多的背景知识，你会发现更具深度的内容，但是即使你只学习了高中代数，也应该能读懂。

如何读这本书

这不是一本需要你逐页阅读的书。每一章几乎都是独立的。你可以选择感兴趣的话题，按任意顺序阅读。在这本书的六部分中，各章将经常引用同一部分的前几章来介绍细节。如果你阅读参考章节，会从这些章节中得到更多知识，但如果你不喜欢，仍然可以读懂。

你需要做什么

对于大部分书中内容，你只需要好奇心。在几章中，有几个程序。如果你想运行它们，程序中有链接和说明。

致谢

感谢每个对这本书有贡献的人，总是很难。我确信我会忘记某人：如果你应该得到感谢，但我把你忘记了，我提前道歉，谢谢你的帮助！

非常感谢以下人士：

- 我的“blogfather”和朋友 Orac（又名 David Gorski），开始的时候他给了我写博客的动机，并且帮助我引起读者的注意。
- 我博客的许多读者，他们指出了我的错误，帮助我成为一个更好的作家。
- 我在 Scientopia 的朋友们。
- 献出时间和精力对这本书的草稿进行技术审校的人：Paul Keyser、Jason Liszka、Jorge Ortiz 和 Jon Shea。
- 我在 Foursquare 的同事，他们给我支持和反馈，让工作成为一个有趣的地方。
- The Pragmatic Bookshelf 的员工，尤其是 David Thomas 和 David Kelly，他们超越职责地排版这本数学书。
- 当然，还有我的家人，他们忍受着疯狂的极客作者。

目 录

Good Math

序

译者简介

前言

第一部分 数 字

第 1 章 自然数 /2

1.1 自然数的公理化定义 /3

1.2 使用皮亚诺归纳法 /6

第 2 章 整数 /8

2.1 什么是整数 /8

2.2 自然地构造整数 /10

第 3 章 实数 /14

3.1 实数的非正式定义 /14

3.2 实数的公理化定义 /17

3.3 实数的构造性定义 /20

第 4 章 无理数与超越数 /23

4.1 什么是无理数 /23

4.2 聚焦无理数 /24

4.3 无理数和超越数有什么意义，为什么它们很重要 /26

第二部分 有趣的数字

第 5 章 零 /30

5.1 零的历史 /30

5.2 一个令人生厌的困难数字 /33

第 6 章 e：不自然的自然数 /36

6.1 无处不在的数字 /36

6.2 e 的历史 /38

6.3 e 有什么含义 /39

第 7 章 φ：黄金比例 /41

7.1 什么是黄金比例 /42

7.2 荒唐的传奇 /44

7.3 黄金比例真正存在的地方 /46

第 8 章 i：虚数 /48

8.1 i 的起源 /48

8.2 i是做什么的 /50

8.3 i有什么意义 /51

第三部分 书写数字

第9章 罗马数字 /56

9.1 进位系统 /56

9.2 这场混乱来自哪里 /58

9.3 计算很简单（但是算盘更简单） /59

9.4 传统的过失 /63

第10章 埃及分数 /66

10.1 一场4000年前的数学考试 /66

10.2 斐波那契的贪婪算法 /67

10.3 有时美胜过实用 /69

第11章 连分数 /70

11.1 连分数简介 /71

11.2 更干净，更清晰，纯粹是为了好玩 /73

11.3 作计算 /75

第四部分 逻辑

第12章 斯波克先生与不符合逻辑 /80

12.1 什么是真正的逻辑 /82

12.2 一阶谓词逻辑 /83

12.3 展示一些新东西 /88

第 13 章 证明、真理和树 /93

13.1 用树来建立简单的证明 /94

13.2 零基础的证明 /96

13.3 家族关系的例子 /98

13.4 分支证明 /100

第 14 章 使用逻辑编程 /103

14.1 计算家族关系 /104

14.2 使用逻辑计算 /109

第 15 章 时序推理 /118

15.1 随时间变化的命题 /119

15.2 CTL 擅长什么 /124

第五部分 集 合

第 16 章 康托尔对角化：无穷不仅是无穷 /128

16.1 朴素的集合 /128

16.2 康托尔对角化 /132

16.3 不要保持简单和直接 /136

第 17 章 公理化集合论：取其精华，去其糟粕 /139

17.1 ZFC 集合论公理 /140

17.2 疯狂的选择 /147

17.3 为什么 /150

第 18 章 模型：用集合作为搭建数学世界的积木 /151

18.1 构建自然数 /152

18.2 从模型到模型：从自然数到整数，以及超越 /154

第 19 章 超限数：无限集的计数和排序 /158

19.1 超限基 /158

19.2 连续统假设 /160

19.3 无限何在 /161

第 20 章 群论：用集合寻找对称性 /164

20.1 费解的对称性 /164

20.2 不同的对称性 /168

20.3 走入历史 /170

20.4 对称性之源 /172

第六部分 机械化数学

第 21 章 有限状态机：从简单机器开始 /178

21.1 最简单的机器 /178

21.2 实际使用的有限状态机 /182

21.3 跨越鸿沟：从正则表达式到机器 /185

第 22 章　图灵机　/192

22.1　添加磁带让一切都变得不同　/193

22.2　变元：模仿机器的机器　/198

第 23 章　计算的核心与病态　/204

23.1　BF：伟大的、光荣的、完全愚蠢的　/206

23.2　图灵完备还是毫无意义　/209

23.3　从庄严到荒谬　/210

第 24 章　微积分：不是那个微积分，是 λ 演算　/213

24.1　写 λ 演算：几乎就是编程　/214

24.2　求值：运行　/218

24.3　编程语言与 λ 策略　/221

第 25 章　数字、布尔运算和递归　/224

25.1　λ 演算是图灵完备的吗　/224

25.2　计算自身的数字　/225

25.3　决定？回到 Church　/228

25.4　递归　/231

第 26 章　类型，类型，类型：对 λ 演算建模　/238

26.1　类型简介　/239

26.2　证明　/244

26.3　类型擅长什么　/246

第 27 章　停机问题　/248

27.1　一个杰出的失败　/249

27.2　是否停机　/251

参考文献　/256

Good Math

第一部分

数　字

当你想到数学的时候，首先映入脑海的多半是数字。数字具有非常神奇的吸引力。但是，当你深入地思考数字是什么时，你会吃惊地发现，我们中的大多数人对它知之甚少。

如何准确定义数字？什么样的数字是实数？或者说，什么是实数？有多少数字？ 有多少种不同类型的数字？

我不可能告诉你所有关于数字的知识，这些知识可以写 20～30 本书。但是，我可以带你开启一段数字之旅，给你介绍数字的基本知识，然后一起看看一些奇异和有趣的数字。

第1章

Good Math

自 然 数

什么是数字？

在数学中，我们可以从几个角度来回答这个问题。我们可以从语义的角度回答，即数字的含义是什么。或者，我们可以从公理的角度回答，即数字是怎样定义的。或者，我们也可以从构造的角度回答，即数字是怎样从一些简单对象构造而来的。

我们从语义开始，数字的含义是什么？每个人都认为自己知道这个问题的答案，而大多数情况下，他们都错了！大家觉得数字只是一个计数的工具，但是这并不符合事实。根据不同的使用场景，数字有两种不同的含义。

有两种类型的数字。当看见数字 3 的时候，你并不能真正理解它的含义。数字 3 可以有两种不同的含义，所以当你不知道你在使用其中哪个含义时，它是多义性的。数字 3 可以是“我有三个苹果”里的 3，也可以是“我得了第三名”里的 3。“三个苹果”里的 3 是基数，而“第三名”里的 3 是序数。

基数记录了一组物体的数量。当我说“我想要三个苹果”时，3 是一个基数。序数记录了一个物体在一组物体里面的排名。当我说“我想要第三个苹果”时，3 是一个序数。在英语里，这个区别很明显，因为英语有一种序数的语法形式。“three”是基数，

"third"是序数。它们在语法上就不一样，因而可以非常明显地看出哪个是基数哪个是序数。

从数学的集合论基础说起，才会发现基数和序数的真实区别。第16章会详细地介绍集合论。现在，我们只需要知道一个基础的概念："基数"用来记数，"序数"用来定位。

公理定义的数字更加有意思。在公理化定义中，我们看到的是一些规则的集合，称为*公理*。公理定义了数字（或者你要定义的其他概念）需要遵守的规则。在数学上，我们总是倾向于公理化定义，因为公理化定义可以消除所有的多义性。公理化定义不够直观，但是绝对精确，并且可以用作形式化推理的依据。

1.1 自然数的公理化定义

我们将从一组基础的数字说起：自然数。自然数（记为 **N**）是大于等于0且没有小数部分的数字。

当你说到数字的时候，通常是指自然数，因为自然数是最基础的数字。自然数是我们小时候最先接触的数字。自然数是从0开始的整数，没有小数部分，一直增大到正无穷：0，1，2，3，4，…（像我这样的计算机科学家对自然数总是情有独钟，因为所有可计算的事物都可以用自然数表示）。

事实上，自然数是由称为*皮亚诺算术*（Peano arithmetic）的一组规则定义的。皮亚诺算术使用几个公理来定义自然数。

初始值规则：0是一个特殊的自然数。

后继规则：对于任何一个自然数 n，总是存在称作它*后继*的另外一个自然数 $s(n)$。

前继规则：0 不是任何自然数的后继，除了 0 以外的任何自然数都是某个自然数的后继，这个数称为前继。如果有两个自然数 a 和 b，如果 b 是 a 的后继，那么 a 就是 b 的前继。

唯一性规则：任意两个自然数不能有相同的后继。

相等规则：自然数可以进行相等比较。这条规则有三条子规则：自反性，即每个自然数都和它自身相等；对称性，即如果 $a=b$，那么 $b=a$；传递性，即如果 $a=b$，$b=c$，那么 $a=c$。

归纳规则：对于某个陈述 P，我们说 P 对于全部自然数是真的，如果

1. 对于自然数 0，陈述 P 是真的（记作 $P(0)$ 是真的）。

2. 如果对于某个自然数 n，陈述 P 是真的（即 $P(n)$ 是真的），那么你能证明陈述 P 对 n 的后继 $s(n)$ 也是真的（即 $P(s(n))$ 是真的）。

所有这些规则只是“自然数是从 0 开始的没有小数部分的整数”的一种更加新潮的说法。大部分人第一眼看到皮亚诺规则的时候，会觉得这些规则除了最后一条之外还是很容易理解的。归纳法是一种颇具技巧性的思想。我知道，在我第一次看到归纳证明时，我肯定没有明白它的本质，我感觉被循环绕进去了，被弄得晕头转向。但是，归纳是必不可少的：因为自然数是一个无限的集合，所以只有当我们能够以某种推理将有限扩展到无限时，才能说某个陈述关于这个无限的集合是真的。归纳的任务就是将有限对象延伸推理到无限集合。

当你熟悉了公理的形式后，归纳法真正想说的是：存在某种你可以使用的模式。如果你有一个适用于第一个数字的定义，那么就可以通过一个加 1 操作将其推理到所有其他的数字。通过这

样的模式，你能证明对于所有自然数这个定义是正确的。或者，可以写出适用于所有自然数的定义。我们可以在所有整数、小数或者实数上使用相似的技巧。

与证明相比，定义更简单，因此在试图证明前，我们将先写定义。我们来看一个将归纳法应用到定义证明的例子。我们来看看加法，很容易给出自然数加法的定义。加法是两个自然数的求和，用符号“+”表示。加法的正式定义满足如下性质：

交换性：对任意一对自然数 n 和 m，

$$n+m=m+n$$

恒等性：对任意自然数 n，

$$n+0=0+n=n$$

递归性：对任意自然数 m 和 n，

$$m+s(n)=s(m+n)$$

最后一条规则就是归纳规则，并且通过递归的方式实现。因为当你不习惯用递归时，递归比较难，所以我们先不急于展开。

我们正在做的是通过皮亚诺算术里的后继规则来定义加法。如果使用“+1”和“−1”重写，等式是很容易理解的：$m+n=1+(m+(n-1))$。

为了理解，你只需要记住这是一个定义而不是一个程序。因此，这是在描述加法的含义，而不是怎么做加法。

由于皮亚诺的归纳规则，这里的最后一条规则才起作用。否则，我们该如何定义两个数字做加法的含义？归纳法给了我们一个描述任意两个自然数做加法的方法。

现在轮到证明登场了！对大多数人来说，证明往往很吓人，但是不要担心。证明其实并没有那么可怕，我们将做一个非常简单的证明。

1.2 使用皮亚诺归纳法

一个关于自然数加法的简单又有趣的证明是：假如我们有一个自然数 n，对 1 到 n 的所有整数求和，结果是多少？答案是 $\frac{n(n+1)}{2}$。那么我们该如何使用归纳法来证明这个结论呢？

我们从基础情形开始。意思是，需要从一个能自己证明自己的情形开始，然后这个情形将作为我们建立归纳的基础。在归纳法里，我们需要证明的第一条陈述的正确性是关于 0 的。因此，0 是基础情形。很容易证明上面的答案对于 0 是成立的：$(0\times(0+1))/2=0$。因此等式对于 $n=0$ 来说是成立的。这就是基础情形。

现在开始归纳部分。假设对于数 n 上述答案是成立的，我们要证明它对 $n+1$ 也是成立的。接下来要做的就是归纳法的关键了，这是一个非常神奇的过程。我们想要说的是，既然我们知道该规则对于 0 是成立的，那么它肯定对于 1 也是成立的。一旦我们知道它对于 1 是成立的，那么它肯定对于 2 也是成立的。如果对于 2 是成立的，它对于 3 也是成立的，以此类推。但是我们不想一个一个地去证明，所以只是说“如果它对于 n 成立，那么它肯定对于 $n+1$ 也是成立的”。通过在这里使用变量（在归纳法的框架下），我们能同时证明“如果它对于 0 成立，那么它肯定对于 1 也成立。它对于 1 成立，那么它肯定对于 2 也成立，等等”。

我们想要证明的是：

$$(0+1+2+3+\cdots+n+n+1)=\frac{(n+1)(n+2)}{2}$$

已知：

$$(0+1+2+3+\cdots+n)=\frac{n(n+1)}{2}$$

代入，我们得到：

$$\frac{n(n+1)}{2}+n+1=\frac{(n+1)(n+2)}{2}$$

现在，展开等式两边的乘法：

$$\frac{n^2+n}{2}+(n+1)=\frac{n^2+3n+2}{2}$$

在等式左边通分：

$$\frac{n^2+n+2n+2}{2}=\frac{n^2+3n+2}{2}$$

最后，对等式左边进行简化：

$$\frac{n^2+3n+2}{2}=\frac{n^2+3n+2}{2}$$

这就是答案，我们证明了它对于所有的自然数都是成立的！

这就是自然数的公理化版本。它们是等于0或者大于0的数字，每个数字都有一个后继，后继可以应用归纳法进行推理。几乎我们使用自然数做的所有事情（包括我们孩童时期所学的大量基础直观的数学知识）都可以通过这样的方式推理出来。

经过这些介绍，我们能说明数字是什么了吗？差不多。从数学里的数字，我们学到的是数字往往不止一个含义。数字王国里有很多种不同类型的数字：自然数、整数、有理数、实数、复数、四元数、超现实数和超实数等。但是整个数字王国是从自然数开始的。最终，那些数字的含义都可以从某种意义上归结到数量或者位置上——它们最终都是基数或序数，或者基数与序数的集合。这就是数字的含义：一种建立在数量或者位置概念基础上的事物。

第2章

Good Math

整　数

自然数是我们最先认识的数字，但是它们完全不够用。考虑到我们使用数字的方式，最后你不可避免地需要扩展，超出自然数的范围。

如果你去一家商店买东西，通过支付金钱来换取你想买的商品。可以用3美元买一些面包，如果你给店主5美元，店主需要找你2美元。

当你试图利用自然数去理解这个过程时，你会发现这个过程说不通。钱沿两个不同方向流动。第一个方向是从你流向商店——花掉你的钱；第二个方向是从商店流向你——得到找零的钱。正数和负数可以让我们区分这两个流动的方向。

2.1　什么是整数

如果你有自然数而想要整数，那么你不得不做的事是添加一个*加法逆元*。如果你理解自然数并且想进一步理解整数，那么你只需要添加一个*方向*。想象一个数轴，自然数从0开始向右延伸，和0的左边没有关系；整数在自然数的基础上，加上从0向左延伸的负数。

整数的含义遵从方向的概念。从基数和序数两个含义上来看，正整数和自然数一模一样。负整数可以让你往另一个方向移动。如果通过基数的方式来思考，整数可以描述在集合间移动元素。如果你有一个大小为27的集合和另一个大小为29的集合，那么为了让这两个集合的大小一样，你可以选择给第一个集合添加两个元素，或者从第二个集合中去除两个元素。如果你添加两个元素给第一个集合，那么你是在用正的基数做事情。如果你从第二个集合中去除两个元素，那么你是在用负的基数做事情。

从序数的角度讲就更容易理解了。如果你正在看一个集合里的第3个元素，然后想看第5个元素，那么就正向移动2步，这个动作是通过正的序数描述的。如果你正在看第5个元素，然后想看第3个，那么就往回移动2步，这个动作是通过负的序数描述的。

让我们转向公理化的定义。整数是通过给自然数添加一个*逆*规则延伸出来的数字。从自然数集合**N**开始，再加上皮亚诺规则，我们只需要额外添加一个*加法逆元*的定义。非零自然数的加法逆元就是负整数。为了得到整数，我们只需要添加下面两条新的规则。

加法逆元：对于任意一个非零的自然数 n，总是存在一个不是自然数的数字 $-n$，使得 $n+(-n)=0$。我们称 $-n$ 是 n 的加法逆元，称自然数集合和它们的加法逆元为整数。

逆元唯一性：对于任意的两个整数 i 和 j，当且仅当 i 是 j 的加法逆元，j 才是 i 的加法逆元。

通过这些规则，我们得到了新的事物。我们之前讨论的自然数不能满足这些规则。那么新事物（负整数）是从哪儿来的？

答案有点令人失望。它们并不是从哪儿来的，它们本来就存在。在数学里，我们不能创造物体，只能描述它们。这些数字（自然数、整数、实数）存在是因为我们定义了描述它们的规则，并且这些规则相互兼容地描述了一些事物。

对于所有这些，有一种时髦的说法：整数是包括零、正数和负数的所有数字。

类似地，如果你定义了自然数上的加法，加性逆元规则足够让加法同样适用于整数。并且，因为自然数的乘法只是重复的加法，所以乘法同样适用于整数。

2.2 自然地构造整数

我们可以自然地创建数学结构来表示整数。这些结构称为整数的模型。但是，为什么可以呢？另外，模型到底是什么呢？

在一个新事物（比如整数）的模型中，我们试图证明有某种方法可以让对象遵守我们定义的公理。出于这个目的，你可以选择已经知道的事物，把它们作为“建筑的积木”。使用这些积木，你构建一些新的事物，并且让它们遵守新系统的公理。例如，说到整数，我们将拿我们已经熟悉的自然数来当积木，然后用这些积木去构建能代表整数的事物。如果我们能证明这个模型里的事物遵守自然数的公理，那么就可以知道我们对整数的定义在数学上是相兼容的。

我们为什么要做这些呢？

有两个原因让我们去构建那样的模型：第一，一个模型能证明我们的公理是有意义的。当我们写一个公理集的时候，很容易搞砸，并且很意外地以不一致的方法写我们的模型。一个模型能证明我们没有搞砸。我们能写出一堆看起来合理的公理，但是它们可能存在一些细微的不兼容。如果真是如此，那么我们定义的事物就是不存在的，即使是在抽象的数学世界中。并且更糟糕的是，如果我们在这样的公理假设下工作，得到的每一个结论都是没有任何价值的。前面说过，整数存在的原因是我们定义了整数，并且这些定义在数学上是相兼容的。如果我们不能证明可以构建一个模型，那么就不能保证这些定义在数学上是相兼容的。

第二个原因没有第一个原因那么抽象：一个模型能让我们理解起来更简单，而且它可以描述我们构建的系统应该怎么运转。

在我们提及模型之前最后声明一次，理解这一点非常重要，我们正在做的是给出一个整数的模型，而不是这个整数的模型！我们现在做的是描述一种表示整数的可能方式，整数并不是下面即将展示的表示方式。因为整数可以有很多种表示方式，只要这些方式符合公理就可以使用。模型与它所建模事物之间的区别是微妙的，但它非常重要。整数是公理描述的事物，而不是我们的模型所构建的，模型只是其中的一种表示方式。

表示整数最简单的方式是用一对有序的自然数（a，b）来表示。一对自然数（a，b）代表整数（$a-b$）。显而易见，（2，3），（3，4），（18，19）和（23 413，23 414）都代表了同一个数。从数学的角度讲，整数是由这些自然数对的等价类组成的。

但是，什么是等价类？

当我们做构建一个整数模型这样的事情的时候，通常我们定义的方式不会针对每一个整数都创造出一个事物。我们所做的是定义了一个模型，针对这个模型里的每一个事物，该模型里有一个集合可以描述该事物，该集合里的值都是等价的。这一组等价的值叫作等价类。

我们定义的整数模型中，通过构造一对自然数来刻画一个整数。两对数（a，b）和（b，c）是等价的：如果它们的第一个元素和第二个元素的距离相等，并且方向相同。例如（4，7）和（6，9）。在一个数轴上，为了从 4 走到 7，你不得不往右边走 3 步。为了从 6 走到 9，你仍然不得不往右边走 3 步。所以，它们属于同一个等价类。但是，当你观察（4，7）和（9，6）时，为了从 4 走到 7，你将不得不往右走 3 步；而从 9 到 6，你将不得不往左走 3 步。所以它们不属于同一个等价类。

上面这种表示方式给了我们一个简单的方法，以便我们理解如何将自然数的各种数学运算应用到整数上。我们理解自然数加法的含义，因此就可以定义整数的加法。

如果你有这里的整数模型中的两个对象，把它们定义为一对自然数：$M=(m_1, m_2)$ 和 $N=(n_1, n_2)$。它们的加法运算和减法运算的定义如下：

- $M+N=(m_1+n_1, m_2+n_2)$。
- $M-N=(m_1+n_2, m_2+n_1)$。
- 一个数 $N=(n_1, n_2)$ 的加法逆元记作 $-N$，是将这对自然数颠倒顺序后的对：$-N=(n_2, n_1)$。

减法的定义可以证明是非常漂亮的。3－5 将等于（3，0）－（5，0），它与（3，0）＋（0，5）＝（3，5）是相等的，并且是－2 这个等价类的一个成员。并且，加法逆元的定义也只是减法的一个自然延伸：$-N=0-N$。

从自然数到整数，我们只需要做的是：增加加法逆元。自然数的减法，通常也需要某种语义上的加法逆元，但是这通常会使事情变得复杂化。

问题是，如果只使用自然数，你没有办法定义两个自然数的减法操作。毕竟，如果你计算 3－5，它的结果是没有办法使用一个自然数来表示的。但是使用整数，减法操作就实际可行了：对于任意的两个整数 M 和 N，$M-N$ 还是一个整数。使用正式的术语，我们说减法对于整数来说是一个全函数，并且整数空间对于减法来说是封闭的。

但是这也将我们引向了另外一个问题。当我们观察整数的加法运算时，就会很自然地想到减法这个加法逆元操作，并且这个操作可以通过整数的加法逆元来定义。当我们转向另一个常用的运算——乘法时，可以在自然数和整数上定义乘法，但是不能定义它的逆运算——除法，因为我们根本没有可能在整数上定义乘法逆元操作。为了将除法描述成一个定义明确的运算，我们需要有另外一种类型的数——有理数，这将在下一章介绍。

第3章

Good Math

实数

现在我们知道了自然数和整数，这是一个非常好的开始。但是还有很多其他类型的数等待我们去认识：小数和无理数等。我们将在后面介绍。为了理解数字，我们下一步将要学习一些有非整数部分的数，它们处于整数之间，比如 1/2，－2/3 和 π。

现在，我们将看到的另一类数字是这样的：它们带有非整数部分，或者被称为实数。

在介绍实数的细节之前，需要提前说的是，我憎恨“实数”这个术语。因为它好像在暗示其他的数都不是真的，这点很愚蠢、令人讨厌和让人绝望，并且这个暗示并不是真的。事实上，这个术语本意是指虚数的另一面，虚数我们将在第 8 章介绍。虚数被命名为“虚构的”，好像是一个嘲弄（实数）的概念。因为实数这个术语已经根深蒂固，被大家广为接受，我们就只能忍一忍了。

有几种方法可以描述实数，我将使用其中的三种：首先是一个非正式的直观描述，然后是一个公理化定义，最后是一个构造性定义。

3.1 实数的非正式定义

一个非正式的、直观的描述实数的方法是使用我们在小学时学习过的数轴。想象一条直线，它向左右延伸到无穷。可以在这条直线上任意选择一个点，并且标记为0。在0的右边，你能圈出第二个点，并标记为1。0和1之间的距离就是任意两个相邻整数之间的距离。同样，向右继续走相同的距离，圈出另外一个记号并标记为2。继续这样圈出更多你想要标记的点。然后开始从0往左边标记，第一个点是－1，第二个点是－2，如此往复。这就是一条基本的数轴。我已经画了一个例子，如图3-1所示。在这个数轴上，任意选择一个点，都是一个真实的实数。0到1的一半距离是1/2，0到1/2的一半距离是1/4。不断地这样划分下去，在任意两个实数的中间，都能找到另外一个实数。

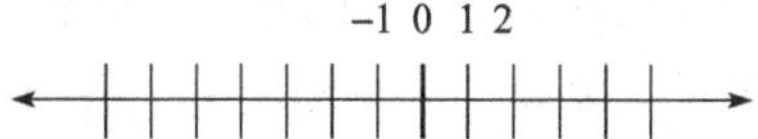

图3-1 数轴。实数可以用这样一条从0开始向两边延伸到无穷的长线表示

使用这个数轴，实数的很多重要属性都可以很完美并且很直观地表示出来。加法、减法、有序性以及连续性的思想都非常显而易见。乘法可能显得棘手点，但是也可以通过数轴来解释（你可以访问我的博客，其中有一篇文章介绍如何使用滑动窗口的方法来理解乘法的原理[⊖]）。

数轴给我们带来的不是真正的实数。它们是有理数。有理数是可以表示为简单分数的数的集合：它们是一个整数与另一个整数的比。如1/2、1/4、3/5、124 342/58 964 958。当我们看数轴时，通常想到有理数。考虑一下前面描述的数轴："你可以一直划

⊖ http://scientopia.org/blogs/goodmath/2006/09/manual-calculation-using-aslide-rule-part-1。

分：在两个实数之间，总能找到另一个实数。”这个划分过程总是给我们提供一个有理数。把任何分数分成相等的数，结果仍然是一个分数。无论多少次使用有理数和整数进行划分，永远不会得到不是有理数的任何东西。

但是，即使使用有理数，数轴的缝隙也一直不会被填满。（我们知道一些数适合填充到这些缝隙——它们是无理数，像大家熟悉的π、e。我们将在第 4 章介绍无理数，在第 6 章介绍 e。）看看有理数，很难看出缝隙是如何形成的。不管你做什么，不管两个有理数之间的距离有多小，都可以在它们之间设置无限数量的有理数。怎么会有缝隙呢？答案是，我们可以很容易地定义一个有限制的值序列，但是这些限制不可能是一个有理数。

对任何有理数的有限集合，把集合中的数加起来，其和是有理数。但是可以定义无限数量的有理数集合，当你把它们加起来时，结果不是一个有理数！下面是一个例子：

$$\pi=\frac{4}{1}-\frac{4}{3}+\frac{4}{5}-\frac{4}{7}+\frac{4}{9}-\frac{4}{11}+\cdots$$

这个序列的每个项显然都是一个有理数。如果你依次算出前两项、前三项、前四项的结果，很快你会得到 4.0，2.666…，3.466 6…，2.895 2…，3.339 6…，在 100 000 项之后，大约是 3.141 58。如果你继续进行下去，它显然会汇聚在某个特定的值上。但是，没有有理数的有限序列会完全与这个限制序列相同。这是一个限制数列，它显然是一个数；不管我们做什么，它绝不会完全等于一个有理数。它总是位于我们可以选择的两个有理数之间。

实数是整数、有理数以及那些与有理数之间的间隙相匹配的奇怪数字。

3.2 实数的公理化定义

公理化的定义有多种方法，与数轴的定义类似，但是，公理化定义更加正式。公理化的定义不会告诉你怎么去获取实数，它只用一些建立在简单集合论和逻辑论基础上的规则来描述实数。

当我们利用一组相关组件来定义实数这样的事物时，数学家喜欢说他们定义的是一个对象。所以，我们将实数定义为一个多元组。构建一个多元组没有很深的含义，它只是一个收集组件到一个对象的方法。

实数由一个五元组（**R**，+，0，×，1，≤）定义，其中，**R** 是一个无限的集合；“+”和“×”是对 **R** 中元素的二元运算，“0”和“1”是 **R** 中特别重要的元素，“≤”是 **R** 中元素的二元关系。

多元组的元素必须满足一组公理，称作域公理。实数是域这种数学结构的一个典型例子。域作为一种基础结构，在数学王国被广泛使用；你需要了解代数，才能了解域这种结构的基础。我们通常使用一个域公理集合来定义域。域公理集合比较耸人听闻，因此，我们不是一次把这些公理都列出来，而是在后面的小节逐个解释它们。

域公理第一部分：加法和乘法

我们先从最基础的公理开始。实数（所有值域）有两种主要的运算：加法和乘法。这两种运算需要在某种方式下合作。

（**R**，+，×）是一个域，这句话包括下面几点含义：

- 在**R**上+、×是封闭的、完全的、自映射的。**封闭**的意思是：对于任意一对实数r和s，如果你将它们相加、相乘，那么$r+s$和$r\times s$还是实数。**完全**的意思是：对于任意一对实数r和s，你都能做加法$r+s$或者乘法$r\times s$。（可能这听起来很愚蠢，但是请记住：我们将很快介绍除法，而且对于除法来说，这条就不是真的，因为你不能除以零。）**自映射**的意思是：如果你有一个实数x，总能找到一对实数r和s或者t和u，使得等式$r+s=x$和$t\times u=x$成立。
- “+”和“×”满足交换律：$a+b=b+a$，$a\times b=b\times a$。
- “×”对于每个“+”满足分配律。意思是$(3+4)\times 5=3\times 5+4\times 5$。
- 对于“+”运算，0是唯一的恒等值。对所有的a，$a+0=a$。
- 对于**R**里面的每一个数x，**有且只有**一个数$-x$，称作x的**加法逆元**，满足$x+(-x)=0$，并且对于所有$x\neq 0$，$x\neq -x$。
- 对于“×”运算，1是唯一的恒等值。对所有的a，$a\times 1=a$。
- 除了0以外的任意实数，有且只有一个实数x^{-1}，称作x的乘法逆元，满足$x\times x^{-1}=1$，并且除非$x=1$，否则x和x^{-1}不会相等。

如果将这些都翻译成通俗语言，你会发现它们并没有很难理解的地方。这些只是说了加法和乘法应该遵循的规则，而这些规则我们在学校早已经学过了。区别在于，在学校时，我们学的是实数如何运算，现在我们将这些作为公理化的需求。实数之所以称为实数，是因为它们按照上面的要求工作。

域公理第二部分：顺序

这个公理是说明这样一个事实：实数是有序的。从根本上来说，这是一种正式说法：有两个实数，其中一个小于另外一个，除非它们相等。

- （**R**，$\leqslant$）是全序：
  1. 对于所有的实数 a 和 b，要么 $a\leqslant b$，要么 $b\leqslant a$（或者两者都成立，记 $a=b$）。
  2. “$\leqslant$”具有传递性，即如果有 $a\leqslant b$ 和 $b\leqslant c$ 成立，那么有 $a\leqslant c$ 成立。
  3. “$\leqslant$”不具有对称性，即如果 $a\leqslant b$ 并且 $a\neq b$，那么 $b\leqslant a$ 不成立。
- “$\leqslant$”与“$+$”和“$\times$”是相兼容的：
  1. 如果有 $x\leqslant y$ 成立，那么 $x+1\leqslant y+1$ 成立。
  2. 如果有 $x\leqslant y$ 成立，那么对于所有 $0\leqslant z$，$(x\times z)\leqslant(y\times z)$ 成立。
  3. 如果有 $x\leqslant y$ 成立，那么对于所有 $z\leqslant 0$，$(y\times z)\leqslant(x\times z)$ 成立。

域公理第三部分：连续性

现在，我们开始介绍最难理解的一个公理。实数有一个比较难理解的地方就是它是连续的，意思是说，给定任意两个实数，在它们中间都有无限个数。并且在这个无限的实数集合里，全序仍然成立。为了描述这一点，我们不得不介绍一个概念——上界：

- 对于 **R** 的任意非空子集 S，如果 S 有一个上界，那么它就有一个**最小上界** l。因此，对于任意实数 x，如果它是集合 S 的上界，那么有 $l \leqslant x$ 成立。

这里真正想要说的是：如果你选了一堆实数组成一个集合，不管它们之间相隔多么接近，或者多么遥远，总存在一个最小的数，大于所有集合里面的数。

其实，这是实数公理化定义的简要版本。它描述了实数应有的性质，而且通过一种形式的、逻辑的陈述来表述。符合这个描述的值的集合，统称为这个定义的模型，可以找到很多符合这个定义的模型，所有符合该定义的模型都是等价的。

3.3 实数的构造性定义

构造性定义是一个创造实数集合的过程。我们可以把实数理解为多个不同集合的并。

首先，考虑整数。所有的整数都是实数，具有与整数完全一样的性质。

然后，再添加一些小数，正式地称之为有理数。一个有理数是通过一对非零整数定义的，称为比值。比值 n/d 代表了一个实数，并且当它乘以 d 时，将得到结果 n。通过这种方式构建的数会有很多相等的值，比如 1/2，2/4，3/6 等。就像我们在定义整数时所做的一样，我们将定义这些有理数是它们比值的等价类。

在定义有理数的等价类之前，我们需要先定义另外几件事物。

1. 如果 (a/b) 和 (c/d) 是有理数，那么 $(a/b)\times(c/d)=$

$(a \times c)/(b \times d)$。

2. 对于除了 0 以外的任意有理数，总存在另外一个有理数，称作它的乘法逆元。如果 a/b 是一个有理数，那么它的乘法逆元 $(a/b)^{-1}$ 就是 (b/a)。因此对于任意的两个有理数 x 和 y，如果 $y = x^{-1}$（即如果 y 是 x 的乘法逆元），那么有 $x \times y = 1$ 成立。

可以利用乘法逆元来进一步定义比值等价的含义。如果有 $(a/b) \times (c/d)^{-1} = 1$ 成立，两个比值 a/b 和 c/d 是等价的，即第一个比值乘以第二个比值的乘法逆元等于 1。这些比值的等价类都是有理数，而每个有理数也是实数。

这为我们提供了有理数的完备集，为了方便，我们使用 **Q** 来代表有理数集合。现在我们有点被困住了。我们知道了有理数的存在，可以利用公理定义它们，并且它们能满足实数的公理条件。但是我们需要能够构建出它们，用什么方法？

数学家提出了各式各样的方法来构建实数。我将要使用的方法称为狄德金分割（Dedekind cut）法。狄德金分割是数学方法，它能通过一对集合（A，B）来表示一个实数 r：A 是小于实数 r 的有理数集合；B 是大于实数 r 的有理数集合。由于有理数的属性，这两个集合都有很特殊的属性。集合 A 包含了小于 r 的数，但是集合 A 中不存在最大数；类似地，集合 B 中没有最小的数。r 是这两个集合之间的数，称之为分割。

如何获得无理数呢？这里有一个简单的例子：利用狄德金分割定义 2 的平方根：

$$A = \{r : r \times r < 2 \quad \text{或者 } r < 0\}$$

$$B = \{r : r \times r > 2 \quad \text{并且 } r > 0\}$$

利用狄德金分割，我们可以非常容易地构造性定义实数。实数的集合就是这样的一个集合，即实数可以通过有理数的狄德金分割来定义。

我们知道加法、乘法和比较操作都能很好地运用在有理数上，它们形成了一个域，它们是全序的。这里仅仅是为了给你一个感觉——可以将分割用于这些操作。我们将介绍一个利用分割来定义加法、相等和有序的示例。

- **加法**：对于分割 $X=(X_L, X_R)$ 和 $Y=(Y_L, Y_R)$，有 $Z=X+Y=(Z_L, Z_R)$。其中，$Z_L=\{x+y$：x 属于 X_L，y 属于 $Y_L\}$，$Z_R=\{x+y$：x 属于 X_R，y 属于 $Y_R\}$。
- **相等**：两个分割 $X=(X_L, X_R)$ 和 $Y=(Y_L, Y_R)$ 是相等的，当且仅当 X_L 与 Y_L 相等，并且 X_R 与 Y_R 也相等。
- **有序**：如果有两个分割 $X=(X_L, X_R)$ 和 $Y=(Y_L, Y_R)$，X 小于或等于 Y，当且仅当 X_L 是 Y_L 的一个子集，并且 Y_R 是 X_R 的一个子集。

现在我们定义了实数，并且演示了如何构建好的实数模型。我们到达了一个里程碑：我们已经知道了最熟悉的数，并且知道了它们是怎样工作的。这是不是说我们已经对数了如指掌了呢？事实上不是。数字依然还是深藏不露，我们只是知道了冰山一角。后面章节我们将要介绍什么呢？事实上我们不能写出大部分数。大部分数都一直延伸到无穷，我们没有办法把它们写下来。事实上，我们甚至没有办法给它们命名。我们不能写一个计算机程序来找到它们。它们是真实存在的，但是我们没有办法指出它们、叫出它们的名字或者分别描述它们。下一章我们将介绍这样一类数——无理数，它们就是上述令人不爽的根源。

第4章

Good Math

无理数与超越数

在数学的发展史上，有很多让数学家失望的事情。他们总在开始的时候觉得数学如此漂亮、完美和优雅。结果，最后他们却发现那并不是真的。

我们需要应对一些奇怪数字，而这些奇怪数字的集合就是无理数和超越数。对于发现它们的数学家来说，这两个数都极其令人沮丧。

4.1 什么是无理数

我们先介绍无理数。它们不是整数，也不是两个整数的比值。不能用正常的小数来表示它们。如果将它们写成分数（我们将在第 11 章介绍），那么这些分数将不会终止。而且如果使用十进制来表示它们，它们会写也写不完，而且永远都不会重复。之所以称之为无理数，是因为它们不能写为两个整数的比值。很多人也说，之所以称之为无理数是因为它们根本就没有道理，它们仅仅是存在即合理的体现罢了。

它们其实是有道理的，但是它们让很多数学家觉得不舒服。如果不能将无理数写下来，那么它存在的意义是什么？当你使用它的时候，不可能使用精确值，而是近似值：因为没有办法精确地写出它们来。不管什么时候，当你使用无理数计算时，都是在做近似计算，因此得到的只是一个近似答案。除非使用无理数变量，不做实质性的无理数计算。如果你追求完美，追求每个数字都精确的完美世界，那么这个世界不存在。

超越数就更糟糕。超越数也是无理数；除了不能写成两个整数的比值，以及它们的十进制小数形式会无止境外，超越数还是代数运算不能操作的数。像 2 的平方根这样的无理数，可以用一个代数等式定义：等式 $y=x^2-2$ 在 $y=0$ 时 x 的值。不能将 2 的平方根写为分数或十进制数，但是可以写一个简单的等式表示它。当给定一个超越数时，乘法、除法、加法、减法、指数、求根都是未定义的。2 的平方根不是超越数，因为能使用代数来描述它。e 是超越数。

4.2 聚焦无理数

根据记载，最早对无理数感到沮丧的事件发生在公元前 500 年的希腊。有一个非常聪明的人，名字叫希帕索斯（Hippasus），他当时在毕达哥拉斯（Pythagoras）学校学习，专研求根。他给出了 2 的平方根不能表示成两个整数比值的几何证明。他把证明拿给他的老师毕达哥拉斯看，但是，毕达哥拉斯与很多其他数学家一样，都坚信数字都是干净并完美的，不能接受无理数的思想。当他分析了希帕索斯的证明后，没有能够从中找到错误的地方，因此他变得恼羞成怒，一怒之下，把可怜的希帕索斯给淹死了。

几百年后，欧多克索斯（Eudoxus）给出了无理数的基础理论，并且发表在欧几里得的数学教科书里。

从那以后，无理数的研究至少销声匿迹了2000年。直到17世纪，人们才开始真正意义上重新研究无理数。同样，无理数让人们失望，不过再也没有人被杀了。

当人们慢慢接受无理数后，数字能精确表述世界的思想开始崩溃了。即使像计算圆的周长这样的事情都没有办法精确地计算了。但是，数学家并没有放弃追求完美的理念。他们想出了一个完美数字的新思想，即完美的数字是针对代数而言的。这次，他们从理论上给出了包括你没有办法用比值表示的所有的数都是可以用代数描述的。他们的思想是，对于任意的数，无论是整数、有理数或者无理数，都存在一个用有理数作系数的多项式，而这个数正好是该多项式的解。如果他们是正确的，那么任意的无理数就可以通过有限的加、减、乘、除、指数和求根的操作来计算。

但是，这是不成立的。德国哲学家、数学家和社交家莱布尼茨（Leibniz，1646—1716）在学习代数和数字时，意外地有了一个不幸的发现：很多无理数是代数可描述的，但是也存在一些无理数是代数无法描述的。他是间接地通过正弦函数发现的。正弦函数是三角学的基本函数，它计算直角三角形中两条边的比值。正弦函数是解析几何的一个基础工具，而不是某人胡乱编出来的一个奇怪函数。但是莱布尼茨发现，无法使用代数计算一个夹角的正弦！没有一个代数函数可以完成它。莱布尼茨称正弦函数为超越函数，因为它已经超出了代数的范围。这还不是一个真正意义上的超越数，但是它却让人们意识到，数学里有一些事物是不能用代数计算的。

在莱布尼茨发现的基础上，法国数学家刘维尔（Liouville，

1809—1882）证明了可以轻松地构造出无法利用代数进行计算的数。例如，以刘维尔命名的常量由0和1的字符串组成，对于x的某个小数点后第x位10^{-x}，该位置上的值是1，当且仅当存在一个整数n，使得$n!=x$成立；否则，其值是0。

又一次，数学家试图去挽救完美的数字世界。他们想出了一个新的理论：超越数是存在的，但是它们只能是*被构造的*。他们的理论指出，虽然有一些数不能使用代数计算，但是它们都是被精心设计出来的，是病态的，*不是自然的*。

即使这样也不成立。不久，e被发现是超越数。我们将在第6章介绍，e是自然的，是一个不能避开的常量。它也绝对不是一个被设计出来的产物。一旦e被证明是超越数，其他的数就接踵而至了。在一个吃惊的证明中，通过e，π被证明是超越数。当意识到e是超越数后，他们发现了这样的一个规律，即任何一个超越数的非超越指数值都是超越数。由于$e^{i\pi}$不是超越数，它等于－1，所以π一定是超越数。

这个领域的另一个更令人沮丧的事情马上就发生了。那个时代最有名的数学家之一格奥尔格·康托尔（Georg Cantor，1845—1918）研究无理数时发现了著名的“康托尔对角化”，我们将在第16章介绍。这项发现说明超越数比代数数还要多。不仅存在不完美的、不能精确计算的数字，而且大多数数字都是不完美的，不能精确计算。

4.3 无理数和超越数有什么意义，为什么它们很重要

无理数和超越数无处不在。大多数数字都不是有理数，甚至

大多数数字都不是代数数。这是一个非常奇怪的结论：我们不能写出大多数的数字。

更奇怪的是，从康托尔的研究中我们知道大多数数字都是超越数，但是要证明任意一个给定的数是超越数却是异常艰难。大多数数字都是超越数，但是我们却不能指出哪些是。

这是什么意思呢？这是因为，我们的数学功底没有我们认为的那么好。大多数数字都超越了我们的能力范围。下面是我们知道的一些数，它们要么是无理数，要么是超越数。

- e：超越数
- π：超越数
- 2 的平方根：无理数，但是也是代数数
- x 的平方根：所有不能得到直接解的都是无理数
- $2^{\sqrt[2]{2}}$：无理数
- Ω：柴腾（Chaitin）常数，超越数

有趣的是，我们真的不知道超越数之间是怎么交互的。不仅要证明某个数是超越数很难，而且即使是最有名的超越数，对于把它们放在一起后会发生什么我们也知之甚少。$\pi+e$，$\pi\times e$，π^{e}，e^{e}这些数我们都不知道是不是超越数。事实上，我们甚至不知道$\pi+e$是不是无理数。

这就是这些数的特点。我们只是对它们略知皮毛，即使是看起来应该很简单和基础的东西，我们也不知道该怎么去做！我们一直研究数字，但是我们并没有得到一点好处。而且伴随着我们进一步地深入学习数字，这种失望会接踵而至。不久之前，一个有趣的同仁（我的一个前同事），名叫 Gregory Chatitin（1947—），发现无理数比我们想象的还要糟糕。不仅大多数数字是无理数，

不是代数数，甚至我们无法以任何方式描述它们。它们不能被写下来，这已经不令人惊讶了，因为我们不能写下任意一个无理数——最多，我们可以写一个较好的近似数。事实上，我们甚至不能写下一段描述、一个等式或者一段计算机程序去产生它们。我们无法为它们精确命名。我们知道它们是存在的，但是却没有任何办法去描述或者识别它们。这是一个非常令人吃惊的发现。如果你对它感兴趣，强烈建议你阅读 Greg 的书《The Limits of Mathematics》[Cha02]。

Good Math

第二部分

有趣的数字

当我们想到数字的时候，即使很抽象地想，通常也不会想到它们的公理化定义，比如皮亚诺算术规则。我们想到的是一个个数字以及它们的符号表示。

从数学的角度来看，某些数字告诉我们重要的事情。比如说，很久以来，数字 0 甚至都不被认为是一个数字，但是，一旦人们真正认识 0 后，它就完全地改变了整个世界！

第二部分我们将学习一些有趣的数字。它们被数学家和科学家广为使用，因为它们“告诉”我们关于这个世界有趣的事情，以及人类是怎样理解这个世界的。因为有时这些数字的性质让人瞠目结舌，所以我称它们为*有趣*的数字。

第5章

Good Math

零

要说奇怪的数字，我们不得不先从零开始。或许对你来说零一点也不奇怪，因为你已经对它习以为常了，但是，零的思想其实很奇怪。回想一下我们之前说过的数字的含义，如果你想到了基数和序数，它们分别用来记录数量和排序位置，那么零是什么意思呢？

作为序数，一个集合里面的第 0 个物体是什么意思？作为基数，零又代表什么？我可以有 1 个物体并对它计数，我可以有 10 个物体并对它们计数。但是，说“我有零个物体”是什么意义？这只能说明我根本没有任何东西，这种情况下我要如何对它们计数？

然而，如果没有零的概念和数字 0，大部分数学将不复存在。

5.1 零的历史

要研究零的意义，我们从零的历史开始。是的，历史上有一段真实的零的故事。

如果追溯到人们开始使用数字的年代，我们发现那些年代是没有零的概念的。起初，数字的确是一个非常实用的工具，主要是为了记录数量。它们用来回答这样的问题："我们储存了多少谷物?""如果照现在的吃法，持续到下个季节，我们是否还有足够的种子去播种谷物?"当你想象这样使用数字的场景时，零的度量并没有太大意义。只有存在对象去度量时，度量结果才是有意义的。

甚至在现代数学中，数学被应用于度量，即使数字中的前导零被应用于度量了，也不被认为是度量中的有效数字。（在科学度量中，有效数字是一种描述度量的精确程度和计算中可以使用多少位数的方法。如果度量值是两个有效数字，那么在基于该度量的任何计算结果中不能超过两个有效数字。）如果我在测量一些石头的重量，一块重99克，那么这个测量结果只有两位有效数字。如果我使用相同的刻度去称一块稍微重一点的石头，它重101克，那么第二块石头的测量结果有三位有效数字。前导零是不起作用的!

一直往前追溯到亚里士多德（Aristotle，公元前384—322）的年代，我们就能理解人们对于数字的早期观念。亚里士多德是一位古希腊哲学家，他的著作目前依然作为欧洲知识传统的基石被研究。为什么零不是大多数早期数字系统的一部分，亚里士多德关于零的思想起了很大的作用。他认为零和无穷极为相似。亚里士多德相信，零和无穷只是在理论上与数字和计数有一点联系，其实它们本身并不是数字。

亚里士多德还论证说，像无穷一样，你不可能真正地得到零。如果说数字都是数量，他认为，很显然如果从某个事物开始将它一分为二，那么你将剩下一半。如果继续一分为二，那么你将剩下四分之一。如果不断地分割并永不停止，你能不断地获得剩下的一半：1/4，1/8，1/16，…。你最后获得的数量将会越来越少，越来越接近零，但是你不可能真的得到零。

亚里士多德对于零的看法是说得通的。毕竟，你不可能拥有零个物体，因为零个物体就是没有物体。当你拥有零的时候，其实你什么也没有。零代表物体不存在。

第一次真正使用零并不是作为数字，而是数字符号体系中的一个数字符号。巴比伦人有一个六十进制的数字系统。从 1 到 60 都有一个符号。大于 60 的数，使用位置系统，像十进制数一样。在那个位置系统中，没有数字的位置，他们留下了一个空位，这个空位就是他们的零。在一些文献中引入了零作为可记录量的思想。后来他们使用了一种占位符，看起来像一对斜线（//）。这个占位符从来没有被独立使用过，而是作为多位数字的数字中间的一个标记。如果一个数字的最末位是零，那么他们就会省略该位数字，因为占位符只出现在两个非零数字之间。例如，数字 2 和 120（在巴比伦人的六十进制表示中，就是 2×1 和 2×60）看起来是完全一样的。你必须看它们被使用的上下文才能确定到底是哪个数字，因为不会写出数字后面的零。他们有符号零的概念，但只是作为一个分隔符。

第一个真正的零是一个名叫布拉马古普塔（Brahmagupta，公元前 598—668）的印度数学家在 7 世纪提出来的。他是一个才华出众的数学家，因为他不仅发明了零，而且很可能也是他发明了负数和代数！他是第一个真正开始使用零的人，并且推导出了一系列代数规则来解释零和正负数是怎么工作的。他推导出来的公式非常有趣，他允许零作为一个分数的分子或者分母。

从布拉马古普塔之后，零传播到了西方（阿拉伯）、东方（中国和越南）。欧洲人是最后接受零的人；他们太固守自己神奇的罗马数字，以至于花了很长时间零才慢慢地渗透进去：零一直都不被欧洲人认可，直到13世纪，斐波那契（Fibonacci）翻译了波斯数学家花拉子密（al-Khwarizmi）（算法一词就是从他的名字衍生出来的）的一本著作。欧洲人称这个新的数字系统是阿拉伯数字系统，并且把功劳记在了阿拉伯人身上。就像我之前说过的，阿拉伯人并没有发明阿拉伯数字，它们是从印度传入的，但是阿拉伯的学者，包括著名的波斯诗人奥玛·开阳（Omar Khayyam，1048—1131），采用了布拉马古普塔的概念，将其推广，进一步衍生出了复数，并且写成著作传到了欧洲。

5.2 一个令人生厌的困难数字

即使是现在，我们认为零是一个数字，零也是一个困难数字。它既不是正数，也不是负数；它也既不是素数，也不是合数。如果把它放到实数集合，那么我们定义的那些用来描述将数字应用到现实世界的基础数学结构如群将不再成立。它不是一个单位元，单位并不适用于它。对于任何其他的数，例如2英寸[㊀]和2码[㊁]指不同的东西，但是对于零却不是。在代数里，零打破了一个基础性质封闭：没有零，任何数字的算术运算结果还是一个数字。有零后就不一定了，因为不能除以零。除了零以外，除法对于任意其他数字都是封闭的。它真的是一个彻头彻尾令人生厌的破坏者。亚里士多德的这个观点是正确的，那就是零和无穷极为相似，它不是一个数量，而是一个在我们日常生活中可以忽略的概念。然

㊀ 1英寸=0.0254米。
㊁ 1码=0.9144米。

而，我们无法摆脱零。

零是整个数字概念中真实的而且不能逃避的部分。但是，它是奇怪的，是一条违背了很多规则的分割线。例如，没有零，加法和减法就不是封闭的。带加法的整数组成了一个数学结构——群，我们将在后面的第 20 章中详细介绍。群定义了像镜面反射一样的对称事物的意义。但是如果将零拿走，那就没有群了，也不能再定义镜面对称性了。如果将零抹掉的话，甚至很多其他数学中的概念都将分崩离析。

我们记录数字的方法也是完全依赖于零的，它是让多项式数字系统能够正确运转的重要原因。只要试着去想象一下乘法，我们就能理解零的重要价值。如果没有零，乘法将变得非常困难。只需将我们计算乘法的方式和罗马人比较一下就可以了，这将在 9.3 节详细介绍。

正是因为零的奇异性，人们经常因为它而犯错误。

比如，有一个我经常抱怨的事情：基于零和无穷相关的想法，很多人认为一除以零就等于无穷。但是，事实上不是。1/0 不等于任何东西。因为根据除法的定义，这种运算本身就是没有定义的，零不能作除数。表达式 1/0 是无意义的，是无效的表达。任何数不能被零除。

支持该结论的直观解释来自于亚里士多德的观点：零是一个概念，而不是一个数量。除法这个概念是建立在数量基础上的。因此，问“X 除以 Y 等于多少”，其实是在问“对于一个物体 X，如果取它的 Y 分之一，那么将取 X 的多少成分”。

如果我们试着去回答这个问题，就发现了问题的所在：如果取一个苹果的零分之一，那能取到多少苹果？这个问题没有任何意义，而且它也不应该有任何意义，这是因为除以零就是没有任何意义的。

零也是很多愚蠢的数学谜题的技巧所在。例如，有一种小技巧可以证明 1=2，其实就是过程中暗含了除以零的动作。

小技巧：利用隐藏除零的方法证明 1=2。

1. 设 $x=y$。
2. 两边同时乘以 x：$x^2=xy$。
3. 两边同时减去 y^2：$x^2-y^2=xy-y^2$。
4. 进行因子分解：$(x+y)(x-y)=y(x-y)$。
5. 两边同时除以 $x-y$：$x+y=y$。
6. 因为 $x=y$，用 y 置换 x：$y+y=y$。
7. 化简：$2y=y$。
8. 两边除以 y：$2=1$。

很显然，问题在于第 5 步。因为 $x-y=0$ 时，第 5 步与除以零是等价的。因为除以零是没有任何意义的，任何基于该动作的证明都是错误的，所以我们得到这个“证明”错误的事实。

最后，如果你很有兴趣去了解更多内容，我能找到的最好资料是一篇在线文章“零的传说”[1]。与本章不一样，这篇文章不只是简单地介绍历史和一些随便的瞎聊，而是详细陈述了你可能想知道的任何内容——从“零”和“无”的语言学，到它对文化的冲击，再到零如何应用到代数和拓扑学的详细细节。

[1] http://home.ubalt.edu/ntsbarsh/zero/ZERO.HTM。

第6章

Good Math

e：不自然的自然数

现在，我们将开始介绍另一个有趣的数 e，叫作欧拉常数，也是众所周知的自然对数的底。e 是一个非常奇怪的数字，也是一个非常基础的数字。它经常出现在一些奇怪的地方，而且往往你不会预料到它的出现。

6.1 无处不在的数字

e 是什么？

e 是一个超越的无理数，大概等于 2.718 281 828 459 045。它也是自然对数的底。也就是说，按照定义，如果有 $\ln(x)=y$，那么有 $e^y=x$。

因为我高度反常的幽默感，并且我非常喜欢黑色双关语（尤其是黑色笨蛋（Geek）双关语），所以我喜欢称呼 e 为不自然的自然数。说它是自然的，是因为它是自然对数的底；说它是不自然的，是考虑到自然数的一般定义。（注意，这不是一个好的双关语。）

这个答案还不够充分。我们称呼它为自然对数。但是，为何

一个比 $2\frac{3}{4}$ 小那么一点的奇怪数字被认为是自然的呢？

一旦你知道它的来历，答案就会变得清晰。考虑曲线 $y=1/x$，对于任意的 n，曲线下方从 1 到 n 的面积就是 n 的自然对数。当该面积正好等于 1 时，x 坐标轴上的点 n 就是 e，如图 6-1 所示（e 的几何表示）。这就是说，一个数的自然对数和它的倒数是直接相关的。

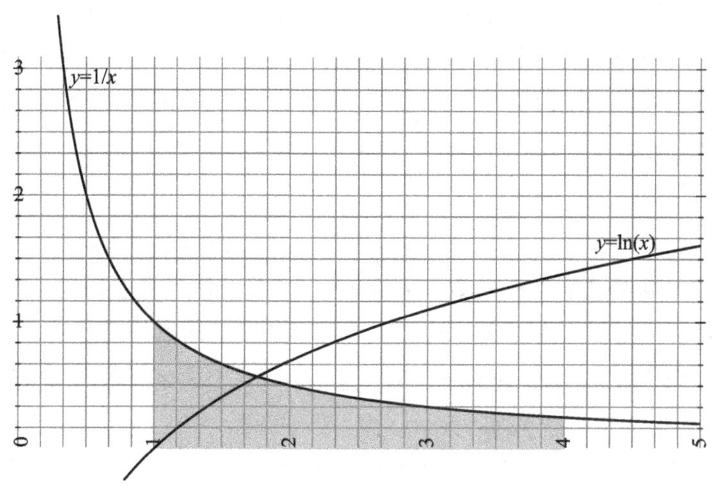

图 6-1　e 的图形，数字 n 的自然对数是曲线下从 1 到 n 的面积

如果将所有自然数的阶乘的倒数加起来，也可以得到 e：

$$\mathrm{e}=\left(\frac{1}{0!}+\frac{1}{1!}+\frac{1}{2!}+\frac{1}{3!}+\frac{1}{4!}+\cdots\right)$$

下面式子的极值也是 e：

$$\mathrm{e}=\lim_{n\to\infty}\left(1+\frac{1}{n}\right)^{n}$$

计算下面这个看起来奇怪的式子，也可以得到 e：

$$e = 2 + \cfrac{1}{1 + \cfrac{1}{2 + \cfrac{2}{3 + \cfrac{3}{4 + \cfrac{4}{5 + \cdots}}}}}$$

e 也是微积分中一个非常奇怪的等式的底：

$$\frac{\mathrm{d}e^x}{\mathrm{d}x} = e^x$$

最后一个式子意味着，e^x 是它自己的导数，是不是非常神奇？没有其他指数函数是其自身的导数。

最后，正是因为自然数 e，在所有数学研究中最令人吃惊的等式才成立：

$$e^{i\pi} + 1 = 0$$

这是一个令人非常诧异的等式。它将全部数学计算中大多数基础的或者说是神秘的数字都集中了起来，并且将它们建立起了联系。这是什么意思呢？我们将会在第 8 章中详细介绍。

为什么 e 会如此频繁出现呢？这是因为它是数字的基础结构的一部分。它是很多最基础的数学结构（比如圆形）的一部分。定义 e 的方法可以有很多种，因为它深深地烙印在几乎所有的结构里。维基百科甚至这么定义：如果你存 1 美元到银行，按照 100%的复利进行计算，到年底，你将获得的钱正好是 e 那么多[⊖]。（这并没有让人觉得非常诧异，它只是 e 的积分定义的另外一种说法，而且它更加直观。）

6.2 e 的历史

相比我们之前讨论过的其他数学常数，e 的历史要短很多，因

⊖ http://en.wikipedia.org/wiki/E_(mathematical_constant)。

为它的发现比较晚。

e第一次是被英国数学家奥特瑞德（William Oughtred，1575—1660）在17世纪提及的。奥特瑞德就是发明计算尺的人，而计算尺被广泛应用于对数计算。从开始接触对数的那一刻开始，你就开始接触e。其实e并不是奥特瑞德命名的，甚至他都没有推导出e的值，然而是他写下了自然对数计算结果的第一张查询表。

不久之后，e在戈特弗里德·莱布尼茨（1646—1716）的著作中也有了记载。莱布尼茨发现该数字并让人觉得惊讶，因为他当时正在研究微分和积分计算的基础，而e在这些计算中会频繁出现。但是莱布尼茨称呼它为b，而不是e。

第一个真正试图去计算e的值的人是丹尼尔·伯努利（Daniel Bernoulli，1700—1782）。伯努利最知名的工作是流体动力学。伯努利非常痴迷于上面提到的极限方程，而最终也计算出了它的解。

到伯努利的计算过程发表时，e早已经被大家广为接受，并且我们从来没有试图去避开它。

但是为什么用字母e给它命名？我们始终没有考究清楚。欧拉最开始使用e，但是欧拉也没有说他选择e的原因，或许只是因为它是“exponential”的缩写。

6.3　e有什么含义

e有什么含义吗？或者说，它是否是虚构出来的——只是一个数字系统能正常运转的结果？

这个问题更像一个哲学问题，而不是数学问题。而且，我更倾向认为它是虚构出来的，但是，自然对数却意义深远。自然对数有很多让人惊奇的性质：自然对数是唯一一个可以有闭式级数的对数；它对于 $1/x$ 曲线有完美的积分性质；自然对数是一个超级自然的事物，它可以表述数字基础概念的很多非常重要的性质。作为一个对数，自然对数需要一个数字作为它的基，而碰巧能够起作用的基就是 e。更重要的是，自然对数是最有意义的，可以在不知道 e 值的情况下计算自然对数。

第7章

Good Math

φ：黄金比例

现在我们开始介绍一个让我恼火的数字。我不是黄金比例 φ（“phi”）的忠实粉丝。这个数字被各种滥用，以至于很多我们听说的所谓黄金比例都不是真正的黄金比例。例如：新时代的金字塔崇拜者声称，埃及最伟大的金字塔有些性质来自于黄金比例，但是事实上并不是。动物神秘主义者声称，在一个蜂巢中，虫卵中雄蜂的比例也接近黄金比例，但是这也并不是真的。

简单来说，黄金比例的值等于 $(1+\sqrt{5})/2$，或者说近似等于 1.6，只是比 1.5 多了那么一点点。很自然地这个数字会接近很多事物。如果某物接近 1.5，那么它就接近黄金比例。而且因为黄金比例无处不在的名声，人们就断然假定：看，它是黄金比例！

例如，最近竟然有一个调查声称，女人的胸围和臀围的理想比例是和黄金比例有关的。为什么？显然大家都知道黄金比例具有最佳审美比例的特点。所以做一个调查，让男人给女人的漂亮程度打分，显而易见，打分结果是：得分高的女人的胸围和臀围比例非常接近黄金比例。没有什么理由去相信它，就像没有理由去相信黄金比例很重要一样，但是却有很多理由去不相信它。（比如，女人的完美身材标准随着历史的发展在不断地变化。）

但是如果你抛弃所有这些荒谬的东西，黄金比例还是一个有趣的数字。我个人觉得它有趣的原因是它的表示。当以不同的方法表示时，数字的结构会以难以置信的方式变得浅显易懂。例如，如果将黄金比例表示为连分数的形式（将在第 11 章中介绍），你将得到：

$$\varphi = 1 + \cfrac{1}{1 + \cfrac{1}{1 + \cfrac{1}{1 + \cfrac{1}{\cdots}}}}$$

也可以写作 [1；1，1，1，1，…]。将其表示为一个连续的平方根形式：

$$\varphi = \sqrt{1 + \sqrt{1 + \sqrt{1 + \sqrt{1 + \cdots}}}}$$

这些 φ 的不同表示不仅漂亮，而且还告诉我们一些关于这个数字的合理有趣的性质。φ 的连分数表示告诉我们 φ 的倒数是 $\varphi-1$。而连续平方根形式告诉我们 $\varphi^2=\varphi+1$。此外，还有两种不同的方式来表述 φ 的几何含义，我们将在下一节介绍。

7.1 什么是黄金比例

那么，到底什么是黄金比例？它是式子 $(a+b)/a=(a/b)$ 的解。也就是说，如果给你一个矩形，它两条边的长度比例是 $1:\varphi$，从该矩形中去掉可能的最大正方形后，将得到一个矩形，它的长宽比例是 $\varphi:1$；从剩下的矩形中去掉最大的正方形后，将得到一个新矩形，它的长宽比例是 $1:\varphi$，以此类推。图 7-1 中给出了几何解释。

据说如果一个矩形的长宽比例正好是黄金比例，那么该矩形

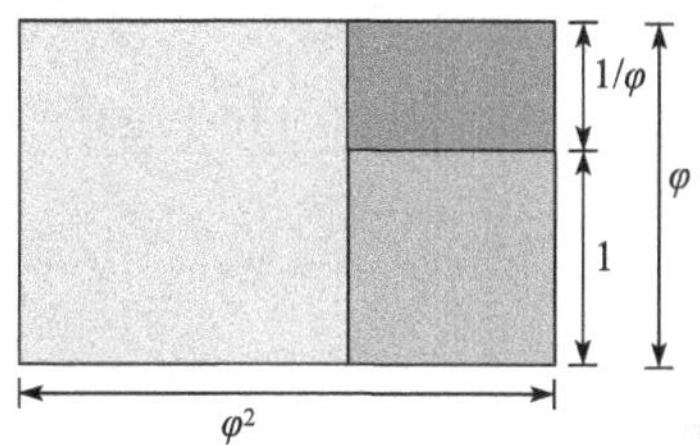

图 7-1　黄金比例：黄金比例是一个理想矩形的长宽比例，当从这个矩形中去掉一个最大的正方形后，将得到一个矩形，它依然具有长宽黄金比例的性质

从美学的角度看起来最美。我不是一个资深视觉艺术家，不能去批评该观点，所以我总是简单地相信它。

但是这个比例的确在几何学的很多地方出现。例如，如果画一个标准的五角星，那么从某个角的顶点到另一个角的边的距离和那个角的内部长度的比例是 $\varphi:1$，如图 7-2 所示。

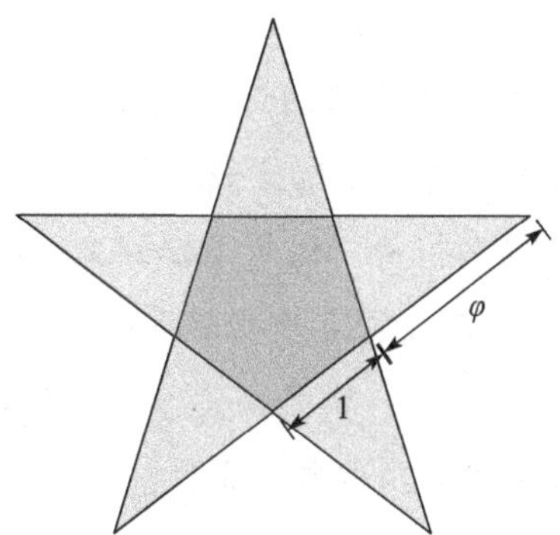

图 7-2　黄金比例和五角星：另一个黄金比例的例子，位于五角星中央五角形周围的等腰三角形的边中

黄金比例也和斐波那契（Fibonacci）数列有关。回顾一下，斐波那契数列是这样的数字序列，序列中的每个数字都是它前面两个数字的和：1，1，2，3，5，8，13，…。如果 Fib(n) 是序列

中的第 n 个数，那么可以通过下面的公式计算：

$$\mathrm{Fib}(n)=\frac{\varphi^n-(1-\varphi)^n}{\sqrt{5}}$$

7.2 荒唐的传奇

关于黄金比例的历史，有成千上万的故事。但是，其中大部分都是杜撰的。

很多历史故事会告诉你，埃及的金字塔是按照黄金比例建造的，或者希腊庙宇的很多特征是为了满足黄金比例而建造的。但是像这样带着黄金比例光环的故事，大多都是无中生有、空穴来风。

我们考察一个猜想的例子——金字塔和黄金比例的关系。观察胡夫大金字塔（Great Pyramid of Khufu）的正面，会发现它和黄金比例的关系只是一个粗略的近似。黄金比例大约等于 1.62，然而胡夫大金字塔两条边长度的比例等于 1.57。胡夫大金字塔以其构建的精准度而闻名世界，但是考虑到金字塔的大小，这个错误大约是 6 英尺[⊖]。这种错误和神话并不相符。但是，如此多的神话学者如此坚信黄金比例一定是建造金字塔时考虑的一个因素，以至于他们挣扎着寻找很多理由去证明它。为了满足自己的期望，很多人无所不用其极。例如：一位主要写金字塔神话的作家托尼·史密斯（Tony Smith）先生争辩说，金字塔正面两边比例的选择是为了让朝地面的那个角正好是黄金比例的平方根的倒数的

⊖ 1 英尺=0.3048 米。

反正弦[一]。

我们的确知道黄金比例是毕达哥拉斯（Pythagoras）的某个崇拜者发现的，很有可能是希帕索斯（Hippasus）——在无理数历史中被溺死的可怜朋友。

黄金比例在古希腊广为人知。欧几里得（Euclid）在他的著作《几何原本》（Elements）里写过它，柏拉图（Plato）在他的哲学作品里也写过它。事实上，我坚持认为柏拉图是所有杜撰黄金比例的始作俑者。他相信世界是由四种成分组成的，而且每一种都是由完美的几何体构成的。根据柏拉图的说法，这些完美的几何体自身都具有完美的比例，这些比例中第一个就是黄金比例。对柏拉图来说，黄金比例是宇宙最基础的部分之一。

实际上，黄金比例被称为 φ 是因为一篇介绍希腊雕刻家菲迪亚斯（Phidias，公元前 490—430）的文章，菲迪亚斯在他的作品里面使用了黄金比例，而他的名字的希腊文第一个字母就是 φ。

希腊人之后，大家并没有对 φ 有多大的兴趣，直到 16 世纪，一位对艺术和数学的研究都非常闻名的修道士帕乔利（Pacioli，1445—1517）写了一篇文章《神圣的比例》（The Divine Proportion），讨论黄金比例及其在建筑和艺术上的应用。达·芬奇（Da Vinci）在学习帕乔利的这篇文章时，被黄金比例深深地吸引，结果黄金比例在达·芬奇的很多素描和绘画中都扮演了重要的角色。特别是他著名的《维特鲁威人》（Vitruvian Man）（如图 7-3 所示）素描，图解了一个人的身体是怎么体现黄金比例的。

[一] http://www.tony5m17h.net/Gpyr.html。

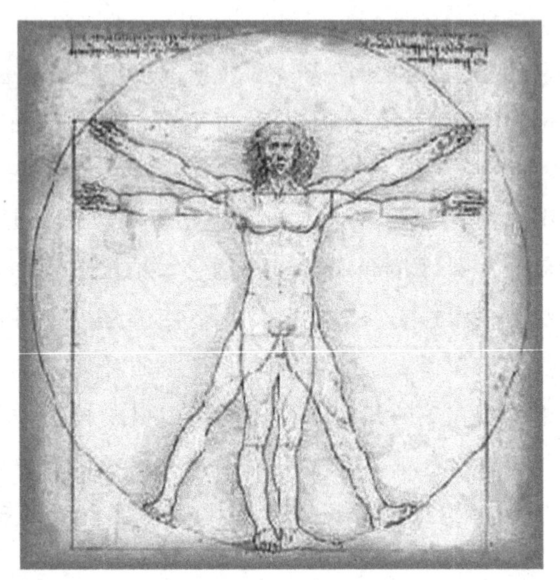

图 7-3 达·芬奇的《维特鲁威人》：达·芬奇认为人的身体体现了黄金比例

当然，一旦达·芬奇接纳了黄金比例，欧洲大陆所有的艺术家和建筑家立刻就加入了这个潮流，并且一直到今天，黄金比例仍然被艺术家和建筑师广泛使用。

7.3 黄金比例真正存在的地方

如前所述，虽然人们总是在黄金比例不存在的地方看到它，但是它却是货真价实地存在的，并且它会在某些令人惊奇的场合出现。

几乎所有黄金比例出现的地方都和斐波那契数列有关，这是因为斐波那契数列和黄金比例是有紧密联系的。不管什么地方，只要斐波那契数列出现，就一定能找到黄金比例的身影。

例如，西方音乐的基本音阶是在斐波那契数列的基础上建立起来的，而大多数声乐的和弦结构中，有很多音调与和弦结构存在黄金比例的例子。不少音乐家非常好地利用了这个特点。其中，我最喜欢 20 世纪伟大的作曲家巴托克·贝拉（Béla Bartók，1881—1945），他将黄金比例这个特点作为基础结构应用在他的一些作品里。最精彩的是他的 12 部赋格曲“Music for Strings，Percussion，and Celesta”的一个部分，据我所知，这是欧洲音乐金曲中唯一一首 12 部赋格曲。

为了乐趣，你可以基于黄金比例建立一个称为黄金进制的数字体系。它是一个奇怪的数字系统，有一些有趣的性质。在黄金进制中，因为黄金比例是一个无理数，所以每一个有理数都将有一个没有穷尽的表示：这就是说，在黄金进制里，每个有理数看起来像无理数。那么是否黄金进制对于某些事物有用呢？不见得，但无论如何，它却很整齐！

第8章

Good Math

i：虚数

可能最有趣的奇怪数字就是可怜而且饱受诽谤的 i（−1 的平方根），也称为“虚”数。这个奇怪的数字是从哪里来的呢？它真实吗（不是实数的意思，而是代表世界上的一些真实并有意义的事物）？它有什么用处呢？

8.1 i的起源

数字 i 源于早期阿拉伯数学家的著作，他们是最开始理解数字的人。但是他们并不像擅长 0 那样擅长 i，他们并没有真正理解它。他们有一些三次方程求根的概念，某些情况下，这个技巧用于寻找根，但是并没有得到真正理解。他们知道某些事情正在发生，那些等式必须有某种根，但是他们并没有理解真实的含义。

事情就这么在原地停留了很久。研究代数的数学家知道，在各种各样的数学概念中有某个概念是缺失的，但是没有人知道怎么解决这个问题。我们知道的是，随着代数发展了很多年，就像希腊人一样，很多学者会以各种方式与这些问题不期而遇，但是，没有人真正地想到代数需要更多数字，而不只是一维数轴上面的数字。

向着 i 跨出的真实第一步是在意大利，希腊人之后的 1000 多年。16 世纪，数学家寻找三次方程的解，就像早期阿拉伯学者试图做的一样。在寻找三次方程的解，甚至某些有实数解的等式的解的过程中，有时需要求解 -1 的平方根。

第一次关于 i 的真正描述来自一位叫作拉法耶尔·蓬贝利（Rafael Bombelli，1526—1572）的数学家，他也是那些试图求解三次方程的数学家之一。蓬贝利意识到在求解答案的某一步，需要用某个数来代表 -1 的平方根，但是他并没有真正地认为 i 是某种真实而有意义的数字，只是把它作为求解三次方程的一个特殊但有用的虚构。

i 获得不幸的误称——“虚数”，是因为著名的数学家和哲学家勒内·笛卡儿（René Descartes，1596—1650）的一个讽刺。笛卡儿非常厌恶 i 的概念，他认为 i 是草率的代数用来骗人的虚构物。他根本不能接受 i 有任何意义，因此，他给它取名为“虚”数，作为不信任这个概念的一部分。

18 世纪，因为莱昂哈德·欧拉（Leonhard Euler，1707—1783）的著作，建立在 i 的基础上的复数才终于被广泛接受。很有可能欧拉是第一个真正理解创立在 i 的基础上的复数体系的。并且基于复数，他发现了欧拉等式——有史以来最吸引人、最奇异的数学发现之一。我不知道从我第一眼看到该等式到现在有多少年了，但是我始终难以理解它为什么成立。

$$e^{i\theta} = \cos\theta + i\sin\theta$$

而这个式子真正意味着：

$$e^{i\pi} = -1$$

这个等式非常难以置信。它用事实证明 i、π 和 e 之间有非常紧密的、令人吃惊的联系。

8.2 i是做什么的

一旦 i 作为一个数的事实被大家所接受，数学家就不可挽回地被改变了。描述代数方程的数字不再只是一个数轴上的一个点，而是一个面上的点了。代数数字事实上是两个维度的，就像 1 是实数坐标轴上的单位距离一样，i 是虚数坐标轴上的单位距离。因此，数字变得更加通用，我们称为复数：复数有两个组成成分，分别定义了它们在两条坐标轴上的位置。通常用 $a+b\mathrm{i}$ 的形式表述它们，其中 a 是实数部分，而 b 是虚数部分。如图 8-1 所示，可以看到一个复数是一个二维值的意义。

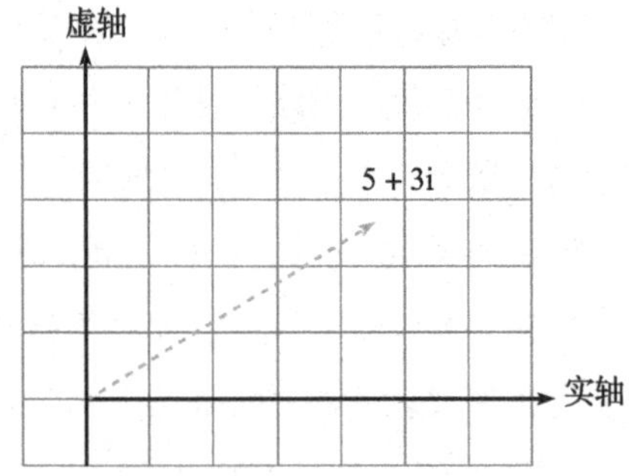

图 8-1 复数在 2D 平面上的点表示：可以在一个二维平面上图形化表示一个复数 $a+b\mathrm{i}$，其中 a 表示它在实轴上的位置，而 b 表示它在虚轴上的位置

i 的加法和由它引申出来的复数加法从数学上看是奇妙的事物。它意味着所有的多项等式都有根。特别是，一个多项式的 x 的最大次数是 n，就正好有 n 个复数根。

但这只是复数的外在表现。实数在代数的乘法和加法上并不是封闭的。有了 i 的加法，代数乘法就变成封闭的了。也就是说代数里的每个运算和每个表达都是有意义的。没有什么可以“逃出”复数体系。

当然，从实数走到复数，并不是一路欢歌笑语。复数是不能排序的，复数之间没有小于（<）比较。当复数进入数字体系后，做有意义的不等式比较就立刻不复存在了。

8.3　i 有什么意义

但是，复数在现实世界中有什么实际意义呢？是否它们真的能说明一些客观现象，或者只是一个数学抽象？

答案是，它们是非常真实的，每一个科学家和工程师都能告诉你。有一个人人都使用的标准例子，它实在是太完美了：给你的灯泡、你的电脑提供能量的电流出口。它提供交流电。这是什么意思呢？

好，电压——可以看作（以最简单的方式）提供电力的大小的量——是复数。事实上，如果你的电流出口提供频率 60Hz、110V 的电压（美国的供电标准），意思就是说，电压是一个幅度为 110 的数。如图 8-2 所示，我已经在图上画了电压随着时间的变化，x 是时间轴，y 是电压轴。它是一个正弦波。和这个正弦波平行，我画了磁场的强度图，它是正好与电场相差 90° 的正弦波。因此当磁场到达最大值的时候，电场将为 0。

如果只看电场曲线，会得到一个错误的印象。因为它暗示着电流在不断地打开和关闭。但是事实上它并没有：在交流电中，总有一定大小的能量，而且这个能量实际上是恒定的，不随时间变化。电力以不同的方式表达出来。从电力用户的观点，我们通常把它当作开关，因为我们只使用电力系统的电压部分。事实上，它并不是真正的打开和关闭，但是它确实是一个动态的系统，它在不断地变化，我们只看到其中的一段运动。

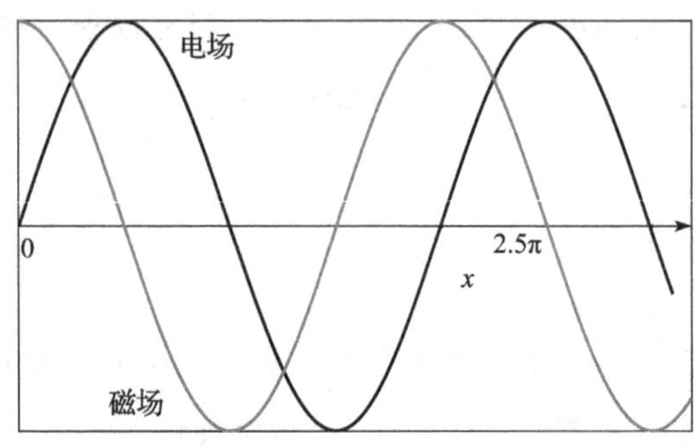

图 8-2 复平面上的交流电：电场和磁场

表示传输功率的向量是一个固定大小的向量。它在复平面上旋转，就像图 8-3 中我试图表示的一样。当它完全旋转到虚轴上时，能量全部表示为磁场。当它完全旋转到实轴上时，能量则全部表示为电场。功率向量没有收缩和增长，而是旋转的。

交流电中的电场和磁场之间的关系，真的是 i 在现实世界中的典型应用：它是动态系统里的基础关系（相关但正交）中非常关键的部分，其中它通常表现为动态系统中向另一维度的旋转或者投影。

也可以看另一个例子，计算机语音处理中有相同的基本思想。当我们用傅里叶变换分析声音的时候，为了能够将声音翻译成文字，工程师常用的一个技巧是将复杂的波（比如人类的声音）分解为一些基础正弦波的集合，其中，这些正弦波相加的结果和原始波在时间上的某个点相等。这样分解的过程（傅里叶变换）和复数是有紧密关系的：并且所有建立在傅里叶变换基础上的分析和变换都依赖于复数（特别是依赖于本章前面介绍的欧拉等式）。

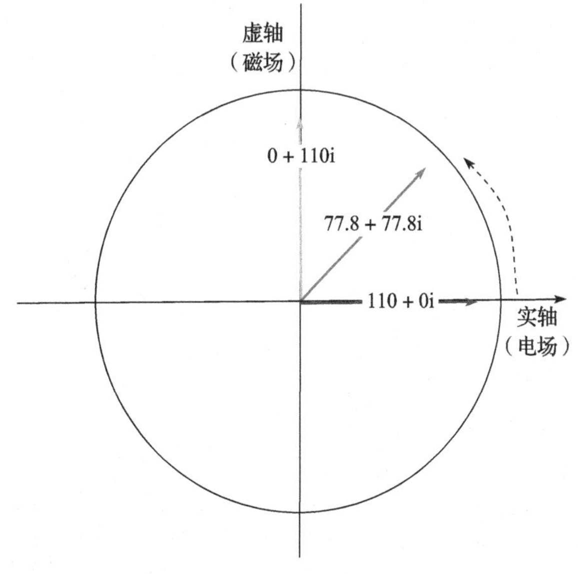

图 8-3　复平面上的旋转

第三部分

书写数字

我们对数字非常熟悉，以至于常常会忘记它们的美和神秘。我们以为我们通常看数字的方式是唯一的方式，并且我们通常书写数字的方式也是唯一正确的方式。

但是，事实上并不是如此。随着数学的进步，先行者已经创造了很多神奇的方式来书写数字。在这些数字符号系统中，有些比我们现在使用的要差，但是，有些并不分伯仲，或者说只是*表示不同*。在这一部分，我们将介绍两种古老和一种现代的数字符号系统，时至今日，它们仍然吸引着数学家。

首先，我们将介绍罗马人怎么书写数字，以及他们是如何使用罗马数字计算的。通过对比罗马数字符号的难用，我们将发现我们的数字符号系统是多么了不起，它让我们如此简单地做数学计算。

然后，我们将介绍埃及人怎么书写小数，以及数字之美是如何变迁的。

最后，我们将介绍一种特殊的分数——*连分数*。通过这个例子我们会发现，为了达到某些特殊目的，数学家是如何继续发明新的数字书写方法的。

第9章

Good Math

罗马数字

我们一般使用一种叫作阿拉伯数字的符号来书写数字，这是因为它是通过阿拉伯数学家进入欧洲的。在这之前，在西方文化中，数字都以罗马风格书写。事实上，在许多正式的文件中，仍然使用罗马数字。大多数教科书的前言的页面编号使用的都是罗马数字。每天，我去上班的路上都要经过曼哈顿的大楼，那些记录建筑基石的年份使用的也是罗马数字。大部分电影的结束标题中，版权日期也是使用罗马数字书写的。

即使在日常生活中我每天都可能会看到使用罗马数字书写的数字，我也总是感到困惑。为什么会有人想起使用这么奇怪的方式来书写数字？它们非常怪异，难读、难以使用，时至今日，为什么还要在这么多的地方使用它们？

9.1 进位系统

我想大部分人都已经知晓，但是我还是要全面解释罗马数字是怎么使用的。罗马数字系统不是进位系统，这就意味着一个数字符号代表了一个特殊的值，而不管它放在哪儿。这不同于我们的十进制系统，十进制是进位系统，3 在 32 中意味着三十，但是在 357 中就意味着三百。在罗马数字中，就不是这样了。“X”永远代表 10，而不管它放在数字的哪个地方。

罗马数字的基本方案是将固定的值赋予某个字母。

- “I”代表 1。
- “V”代表 5。
- “X”代表 10。
- “L”代表 50。
- “C”代表 100。
- “D”代表 500。
- “M”代表 1000。

罗马数字的标准集合中不包含任何比 1000 大的符号。在中世纪，使用罗马数字的修道士在手稿中添加了一种表示更大数字的符号，他们在一个数字的上面添加一条横线，以此来表示这个数字乘以 1000。因此，一个上面带有横线的 V 表示 5000，以此类推。但这是后来才有的，它并不是原始的罗马数字系统的一部分。即使有了这个添加的符号，罗马数字也仍然很难非常清晰地表示一个大的数字。

罗马数字符号通过奇怪的方式组合。以罗马数字 I 或 X 为例。当两个或更多的符号出现在一组时——比如 III 或 XXX——它们表示相加。因此，“III”代表 3，“XXX”代表 30。当一个数字符号的数字比它右边的数字小时，它将与右边的数作减法。但是如果大小顺序颠倒过来，即小的数字在大的数字后面，那么小的数字就加到左边大的数字上。

一个数字的标记法是由这个数字中最大的罗马数字符号决定的。通常（虽然并不全是），不能在一个符号的前面放一个小于它的十分之一的符号。因此，不能写 IC(100－1) 代表 99，而是写 XCIX(100－10＋10－1)。

我们看几个其他的例子。

- IV＝4：V＝5，I＝1。因为 I 在 V 的前面，所以它被减去，IV＝5－1。
- VI＝6：V＝5，I＝1。因为 I 在 V 的后面，所以它被加上，VI＝5＋1。
- XVI＝16：X＝10，V＝5，I＝1。VI 的第一个符号的值比 X 小，因此，将把它的值加上去，即 VI＝6，进而 XVI＝10＋6＝16。
- XCIX＝99：C＝100。C 前面的 X 被减去，因此 XC＝100－10＝90。然后 C 后面的 IX 被加上去。X 是 10，它的前面是 1，所以 IX 是 9。因此，XCIX＝99。
- MCMXCIX＝1999：M＝1000。CM 是 1000－100，等于 900，所以 MCM＝1900，C＝100，XC＝90。IX＝9。

出于某些原因（有很多推测，将在后面介绍），4 有时被写作 IV，有时被写作 IIII。

那么 0 呢？是否有罗马数字来表示 0？可以说有。它并不是罗马数字原始系统的一部分，也从来没有被罗马人自己使用过。但是在中世纪时期，使用罗马数字的修道士使用了 N（表示 nullae 的意思）来表示 0。但这并不是阿拉伯数字的进位 0，它只是一个罗马数字，是为了填充天文表而不留出空项，达到计算复活节日期的目的。

9.2 这场混乱来自哪里

关于罗马数字的起源，主要的推测认为它们是牧羊人发明的，牧羊人通过在他们的权杖上面刻划凹痕来记录畜群。演变成罗马数字的系统开始于权杖上的这些凹型划痕，根本没有任何的字母。

当数羊时，牧羊人会刻四个划痕，初始的四个是刻一，然后到第五个时，他们会刻一个对角的斜切口，与我们通常堆砌四条线，然后再划一条对角线表示大同小异。但是，不是划掉前面的划痕，而是使用对角线将一个“/”划痕变成“V”。每第十个划痕就对角打一个叉，看起来非常像“X”。每第十个 V 就会获得额外的一道划痕，所以它看起来有点像希腊字母 psi。每第十个“X”就会获得额外的一道划痕，所以它看起来像是一个中间带有一条竖线穿过的 X。

在这个系统中，如果有八只羊，将写下 IIIIVIII。其实并不需要最前面的 IIII。因此，可以只写 VIII 代替它，这非常重要，尤其是在写大的数字时。

当罗马人把这个系统演变为他们书面语言的一部分时，之前简单的划痕就变成了“I”和“V”，叉就变成了“X”，像 psi 的符号变成了“L”。而且，他们开始使用助记符：符号 C、D 和 M 分别是从表示 100、500 和 1000 的拉丁单词衍生出来的。

前缀减法是随着罗马数字的书写出现的。像罗马数字这样的有序系统的问题是，有很多重复的字母，要想正确阅读是非常困难的。保持更小的重复次数会使人们在阅读时减少犯错的次数。而且 IX 比 VIIII 写起来更紧凑，因为重复的字母少，也更容易读。因此，抄写人开始使用前缀减法。

9.3 计算很简单（但是算盘更简单）

观察罗马数字，看起来用它作计算将是一场噩梦。但是，基本的计算——加法和减法——相当简单。加法和减法很简单，并且很容易知道它们是如何工作的。另一方面，使用罗马数字作乘法十分困难，除法几乎不可能。值得注意的是，虽然学者的确教授这种计算方式，但是在罗马时期，大多数日常计算都是使用一种罗马算盘完成的，罗马算盘的原理很像我们现代的数字系统。

要将两个罗马数字相加，需要做的是：

1. 将所有减法前缀形式变成加法后缀形式。例如，IX 会被写为 VIIII。

2. 将两个相加的数字接起来（连在一起）。

3. 对字母从大到小排序。

4. 做内部和（例如，用 V 替代 IIIII）。

5. 变换为减法前缀形式。

例：123＋69。使用罗马数字表示，即 CXXIII＋LXIX。

- CXXIII 没有减法前缀，LXIX 变成 LXVIIII。
- 接起来：CXXIIILXVIIII。
- 排序：CLXXXVIIIIIII。
- 内部和：IIIIII 简化为 VII，得到 CLXXXVVII，进一步简化 VV 为 X，得到 CLXXXXII。
- 变换为减法前缀：XXXX＝XL，得到 CLXLII。LXL＝XC，得到 CXCII，或者 192。

减法并不比加法困难，为了完成 $A-B$，需要完成以下步骤：

1. 将减法前缀变换为加法前缀。

2. 消掉 A 和 B 中相同的符号。

3. 对于 B 中剩下的最大符号，取 A 中比 B 大的符号，将该符号展开为正好小一级符号的重复。回到第 2 步，直到 B 中没有任何符号剩下。（比如 L 减 XX，需要先将 L 展开成 XXXXX。）

4. 重新变换为减法前缀形式。

例：192－69。使用罗马数字表示，即“CXCII－LXIX”。

- 去掉减法前缀：CLXXXXII－LXVIIII。
- 去掉相同的符号：CXXX－VII。
- 将 CXXX 中的 X 展开：CXXVIIIII－VII。
- 去掉相同的符号：CXXIII＝123。

使用罗马数字作乘法既不简单也不显而易见。计算乘法的办法，不仅想出来不容易，实际计算的过程也不容易。可以使用简单办法，即使用重复的加法来代替，但是很明显这种办法对大的数字是不经济的。罗马人使用的办法真的很聪明！它基本上是二进制乘法的一个奇怪版本。为了让它行之有效，必须能够做加法，并且可以除以 2，这两个要求并不难。详情如下：

1. 给定 $A\times B$，创建两列，把 A 写在左边的一列，把 B 写在右边的一列。

2. 左边一列的数字除以 2，丢弃余数，将结果写到左边一列的下一行。

3. 右边一列的数字乘以 2，将结果写到右边一列第 1 步结果的下一行。

4. 重复第 2 步和第 3 步，直到左边一列的值等于 1。

5. 从上到下，将左边一列中是偶数的行去掉。

6. 将右边一列剩下的数字相加。

我们来看一个例子：21×17，使用罗马数字表示，即 XXI×XVII。

先创建表：

左边	右边
XXI(21)	XVII(17)
X(10)	XXXIV(34)
V(5)	LXVIII(68)
II(2)	CXXXVI(136)
I(1)	CCLXXII(272)

然后，将左边一列中是偶数的行去掉：

左边	右边
XXI(21)	XVII(17)
V(5)	LXVIII(68)
I(1)	CCLXXII(272)

现在将右边一列相加：XVII + LXVIII + CCLXXII = CCLLXXXXVVIIIIIII=CCCXXXXXVII=CCCLVII=357。

为什么它会有效？这就是二进制计算。在二进制计算中，为了计算 $A\times B$，将结果初始化为 0，然后对于 A 中的每一位数字 d_n，如果 $d_n=1$，那么在结果中加上后面添加了 n 个 0 的 B。

除以 2 会得到 A 每个位置的二进制数字：如果它是奇数，那么这个位置就是 1；如果它是偶数，那么这个位置就是 0。右边一项乘以 2 会得到二进制数后添加 0 的结果——对于第 n 个二进制数，已经乘了 n 次 2。

罗马数字中的除法是最大的问题。一般情况下没有任何行之有效的办法。除法几乎都是靠猜出来的，通过作乘法看结果是否正确，然后再调整猜测。唯一可以让计算过程简化的办法是在猜测之前先寻找两个数字容易约掉的公共部分。例如，如果两个数都是偶数，可以将两个数都除以 2 后再来猜结果。发现两个数字都是 5 或者 10 的倍数还是比较容易的事情，然后两个数都除以 5 或者 10。但是，仅限于此，需要重复地猜测结果，重复地做乘法、减法。

9.4 传统的过失

出于历史原因，我们还在使用罗马数字。直至近代，西方学者的大部分工作仍然使用拉丁语。例如，艾萨克·牛顿（Isaac Newton，1643—1727）在 17 世纪使用拉丁文写了他的专著《Philosophiae Naturalis Principia Mathematical》（自然哲学的数学原理），因为当时所有的学术著作都是使用拉丁文发表的。

由于传统，我们使用历史语言，当然也可以使用传统的数字符号。很多事情都是由于传统才一直延续到现在。例如，现代建筑师还是使用罗马数字把日期写在基石上。但是像我这样的当代极客认为，使用如此不经济的符号实在是没有任何意义，然而传统是一股很强大的力量，并且占据了统治地位。

继续使用罗马数字对我们来说没有任何现实意义，它只是关乎传统。但是，即使回答了为什么这个问题，我们仍然有很多不能用传统来解释的使用罗马数字的奇怪地方。

一个非常常见的问题是：“为什么钟表使用 IIII，而不是 IV?”

答案不清楚。有一打推测，但是没有人能肯定哪个推测是对的。基于我的理解，最常见的推测包括：

- **I 和 V 是神朱庇特（Jupiter）的拉丁名字的开始字母。**可能是假的，但还是被广泛引用。罗马人对于写下朱庇特的姓名并没有什么问题。关于写下神的名字的担忧来自于犹太教和基督教的十诫。
- **I 和 V 是耶和华（Jehovah）的拉丁名字的开始字母。**比朱庇特的推测好一点，因为早期的基督教人的确遵循不写神的名字的犹太习俗。我仍然心存怀疑，但是至少与历史相符。
- **在钟面上，IIII 和 VIII 更对称。**很有可能——钟表的风格可以追溯到第一个设计钟面的艺术家。艺术家和手工匠人对于美学和平衡都非常迷恋，而且 IIII 和 VIII 的确看起来比 IV 和 VIII 更好看。
- **对于钟面来说，IIII 可以让钟表制作者使用更少的模具。**多半不是，两者之间并没有多大的区别。
- **相比于 IV，法国国王更喜欢 IIII。**再一次，我很怀疑。人们喜欢将责任归咎于贵族身上。但是，钟面在历史上并不能真正追溯到法国，而且也没有当代文档支持这一猜测。
- **巧合。**技术上来说，IIII 和 IV 一样正确。所以那个开始制作钟表的人碰巧就是那个使用 IIII 而不是 IV 的人。事实上，罗马人自己也更喜欢 IIII；在历史文献中，它出现得更多。虽然这是最后一个原因，但是很有可能是真正的原因。

在结束本章之前，提一个我最喜欢的问题：人们使用罗马数字做过的最愚蠢的事情是什么？

有一种荒谬之极的编程语言，设计成了一个精心的闹剧，这种语言叫作 INTERCAL（意思是“没有发音的语言的缩写”）㊀。

INTERCAL 的最初设计就非常可怕。但是随后，一群爱好者

㊀ 可以从 INTERCAL 资源站点找到更多关于 INTERCAL 的信息：http://catb.org/esr/intercal/。

得到了它，决定把它变得更糟。原始的 INTERCAL 并没有办法输入和输出。为了让 INTERCAL 更完整，也更可怕，其发明者决定添加输入和输出，并且使用他们自己定义的变量——一种罗马数字的变形。结果可以让任何一个理智的程序员发出噩梦一般的尖叫。在 INTERCAL 中，他们使用我们上面提到的在数上加横线的方法，表示一个数乘以 1000 的规则。但当 INTERCAL 被发明后，他们为电传打字机编程，一封信没有一个字母字符使用横线，所以他们定义了罗马数字的变体，包括退格字符。5000 打印为“V<退格>－”。

看到这种情景，有一点应该是清楚的：我们真的很幸运——阿拉伯数字取代了罗马数字。使用罗马数字，一切都会变得更困难，而且如果我们仍然在使用罗马数字，可能都被迫使用 INTERCAL 编程了。

第10章

Good Math

埃及分数

随着数学的演变，人们关于数学的美丑观也在演变。古希腊人（从他们那里我们得到了很多数学概念）认为，例如，出于优雅的考虑，写分数的唯一方式是单位分数——分子是 1 的分数。一个分数，如果分子大于 1，就被认为是错的。即使到了今天，很多数学书还使用术语普通分数来指非单位分数。

显然，有很多不是单位分数的分数。像 1/3 这样的单位分数是一个合理的量，但是 2/3 也是。那么，古希腊人是怎么处理这些分数的呢？他们使用我们今天称为埃及分数的形式来表示。埃及分数使用有限个单位分数的和来表示普通分数。比如，希腊人会写“1/2＋1/6”，而不是普通分数 2/3。

10.1 一场 4000 年前的数学考试

对于埃及分数的起源，我们知之甚少。我们所知道的最早的书面记录是在一种埃及长卷上，大约是公元前 18 世纪，这就是它们被称为埃及分数的原因。

这种长卷被称为莱因德纸草书（Rhind Papyrus），是整个数学历史上最引人入胜的文档之一。它看起来非常像是埃及数学家的教科书！它看起来像是一组考试试题，并且附有所有问题的正确答案。长卷不仅包含有单位分数之和的形式的分数表，而且还有很多代数（几乎和我们现在使用的差不多）和几何问题。长卷的措辞似乎在强烈地暗示作者在记录当时数学家众所周知然而对大众保密的技术。（我们所指的数学家是埃及祭司阶层的一分子，即通常所说的圣殿文士。例如，高级数学这样的事物被认为是一种神圣的奥秘，珍藏在神殿之中。）

所以，我们其实并不知道埃及分数是什么时候被谁发明的。但是，从埃及时代到希腊和罗马帝国，它仍然被认为是分数的正确数学符号。

就像我之前提到的一样，一直到中世纪，普通分数充其量被认为是丑的，甚至是不正确的符号。斐波那契定义了计算埃及分数形式有理数的算法，差不多到了今天仍然被认为是一种典型算法。

斐波那契之后不久，大家对普通分数的迷恋有所下降。但是它还是一直被使用，不仅因为历史文献使用了它，更因为它在寻找数论中某些问题的答案时有用（更不用提它是很多漂亮的数学谜题的基础）。

10.2　斐波那契的贪婪算法

求解埃及分数形式的基本算法称为贪婪算法，是一个什么是像我这样的计算机科学极客的典型例子。贪婪算法并不总能保证生成最短的埃及分数形式，但是它保证终止于一个有限（可能丑陋）的序列。

该算法的基本思想是：给定一个普通分数 x/y，它的埃及形式可以如下计算：

$$e\left(\frac{x}{y}\right)=\frac{1}{\lceil y/x\rceil}+e(r),\quad \text{其中 } r=\frac{-y \bmod x}{y\times\lceil y/x\rceil}$$

或者，一个稍好的更有用的方法是使用 Haskell 程序写的同样算法，它会产生一组单位分数。（不熟悉 Haskell 的人注意，$x\%y$ 在 Haskell 里面代表分数 x/y；$x:y$ 产生一组数，第一个是 x，最后一个是 y。）

```
egypt :: Rational -> [Rational]
egypt 0 = []
egypt fraction =
  (1%denom):(remainders) where
    x = numerator fraction
    y = denominator fraction
    denom = ceiling (y%x)
    remx = (-y) `mod` x
    remy = y*denom
    remainders = egypt (remx%remy)
```

有趣的是，它有一个反转过程，把一个埃及分数形式变成普通分数形式。

```
vulgar :: [Rational] -> Rational
vulgar r = foldl (+) 0 r
```

为了直观地感受埃及分数是什么样子，以及它们会变得多么复杂，我们一起来看几个例子：

例：埃及分数

- 4/5=1/2+1/4+1/20
- 9/31=1/4+1/25+1/3100
- 21/50=1/3+1/12+1/300
- 1023/1024=1/2+1/3+1/7+1/44+1/9462+1/373 029 888

正如你所看到的，埃及分数的斐波那契算法可能生成一些非常难看的项。它往往会产生一组没有必要的很长的分数序列，并包括大得离谱和尴尬的分母。例如，上面最后一个分数可以更简单地写为（1/2+1/4+1/8+1/16+1/64+1/128+1/256+1/512+1/1024）。斐波那契算法弱点的一个典型例子是 5/121＝1/25＋1/757＋1/763 309+1/873 960 180 913+1/1 527 612 795 642 093 418 846 225，它可以更简单地写为 1/33+1/121+1/363。

不过问题是，斐波那契算法是最广为人知并且最容易懂的求解埃及分数的方法[⊖]。我们可以计算它们，但是，并不知道任何特别好或有效地求解最小长度形式的埃及分数的方法。甚至，我们不知道求解一个最小埃及分数的复杂度上界是多少。

10.3 有时美胜过实用

我发现一个特别有趣的事情是，尽管埃及分数如此难用，但是却延续了这么久。埃及分数的加法很困难，乘以一个整数也是一件痛苦的事情，更不用说两个埃及分数相乘了，几乎会让人发狂。从纯粹的实用角度，它们看起来简直就是荒谬之极。早在公元 150 年，它们被托勒密本人严厉地批评！然而，它们是当时分数的主流符号，并且持续了 3000 年。单位分数的美压倒性地战胜了实用的可计算算法。

关于埃及分数，有一堆有趣的公开问题，这里留给你一个非常有趣的例子：伟大的匈牙利数学家保罗·鄂尔多斯（Paul Erdös）试图证明任意一个分数 $4/n$ 可以分解为三个埃及分数之和。通过蛮力测试，对于 n 小于 1014 的所有数，这个结论被证明是正确的，但没有人能弄清楚如何证明它。

⊖ David Eppstein 有一个收藏了很多埃及分数算法的网站，并且实现了其中的很多算法。详情见 http://www.ics.uci.edu/～eppstein/numth/egypt/。

第11章

Good Math

连分数

非整数的书写方式是恼人的、令人沮丧的。

我们有两个选择：把它们写为分数或者小数。但是这两种选择都有严重的问题。有一些数字可以很容易地写为分数：1/3，4/7。这非常好！但是，也有一些数不能写为分数，比如 π。

像 π 这样的数字，有非常接近的分数，22/7 就是 π 的一个近似分数。但是分数有很糟糕的一面：如果需要一个更加精确的数字（你一点都不能改变它），就需要使用另外一个完全不同的分数。这是小数比较好的原因之一。可以用十进制小数 3.14 来近似地表示 π。如果需要更高的精度，可以添加一位小数，比如 3.141，然后是 3.1415，以此类推。

但是小数也有其自身的问题。很多能完美地写为分数的数，没有办法准确地写作小数。可以写 1/3，但是小数呢？0.333 333，不断地重复直到永远。

两种表示都是伟大的表示，但它们的失败也源于它们自己的表示。

我们能否做得更好呢？是的！分数有另外一种形式，它不仅具有分数本身的所有优点，而且还有小数的所有优点。这种形式的分数被称为连分数。

11.1 连分数简介

连分数是非常整洁的。它的思想是：取一个你不知道分数形式的数。选择最接近的、略微大一点的简单分数 $1/n$。如果你看到 0.4，可以取 1/2，它比 0.4 略微大一点。这给出了这个数的第一个分数形式的近似值，但是略微大一点。如果分数的值比你想要的值大一点的话，就意味着这个分数的分母稍微小了点，那么，需要给分母添加一个修正值，从而使分母变得大一些。这就是连分数的基本思想。不断地调整分母的大小，通过给分母添加一个分数来做修正，而使它的值只是大一点点，然后再继续修正。

我们来看一个例子：

例： 使用连分数表示 2.3456。

1. 它接近 2，因此，我们从 2+(0.3456) 开始。

2. 现在，开始近似这个分数。我们实现这个目的的方式是，取 0.3456 的倒数的整数部分：1/0.3456 的整数部分是 2。因此得到了 2+1/2，现在我们知道分母还余 0.893 518 518 518 518。

3. 继续对该数字取倒数，得到了 1，还余下大约 0.119 170 984 455 959 2。

4. 继续取倒数，得到了 8，还余下大约 0.391 304 347 826 041 6。

5. 进而得到 2，余下大约 5/9。

6. 如果继续，会得到 1、1 和 4，而且没有误差。

瞧，作为一个连分数，2.3456 看起来像这样：

$$2.3456 = 2 + \cfrac{1}{2 + \cfrac{1}{1 + \cfrac{1}{8 + \cfrac{1}{2 + \cfrac{1}{1 + \cfrac{1}{1 + \cfrac{1}{4}}}}}}}$$

为了方便记录，连分数通常会使用一对方括号包围的符号来表示：整数优先，然后是分号，接下来是使用逗号分隔的分数的分母。所以 2.3456 的连分数形式可以写为 [2；2，1，8，2，1，1，4]。当我们使用这种形式写它的时候，得到一个数字的序列，称这个序列中的每一个成员为收敛值。

有一个非常酷的几何方法来理解这个算法。我不会使用 2.3456 来展示这个过程，因为以某种合理的方式完整地画出整个图将会非常困难。因此，使用一个更加简单的数 9/16，我们将它写为一个连分数。

先为这个分数画一个网格。列数是分母的值，行数是分子的值。对于 9/16，意味着矩形宽 16，高 9，如图 11-1 所示。

现在我们在网格中画一个最大的正方形，可以画出来的正方形的个数就是连分数的第一个数。对于 9/16 来说，我们只能画一个 9×9 的正方形，这是最大的正方形，因此，第一个收敛值是 1。将这个正方形去掉，我们将得到一个 7×9 的矩形。

现在重复上一步：再次画一个尽可能大的正方形，这是一个 7×7 的正方形，并且只能画一个，因此第二个收敛值也是 1，还剩下一个7×2 的矩形。

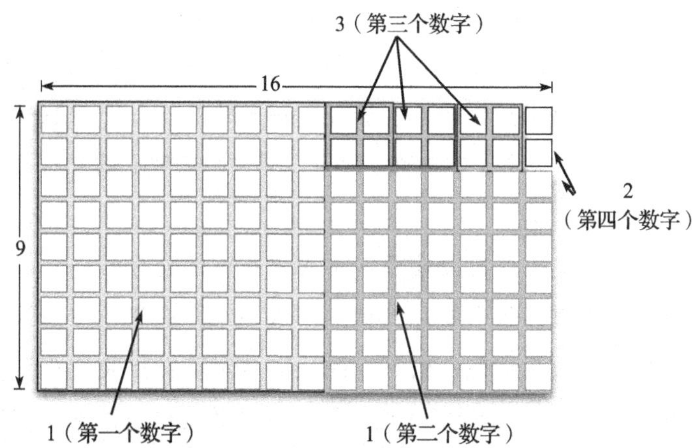

图 11-1　计算连分数的几何表示：最常用来计算连分数的算法可以使用图形形象地表示，一个分数的分子和分母对应了格子的长宽，通过不断地抽取最大的正方形就可以实现连分数计算。当最后只剩下一个 1×1 的正方形时，计算就结束了

当我们重复上一步的时候，能够画出来的最大正方形是 2×2，但是这次可以画出 3 个。这就是说下一个收敛值是 3，还剩下一个 1×2 的矩形，在这种情况下，只可能画两个 1×1 的正方形，因此最后一个收敛值是 2。

没有矩形剩下了。9/16 的连分数形式是 1/(1+1/(3+1/(1+1/2)))，或者 [0；1，1，3，2]。

11.2　更干净，更清晰，纯粹是为了好玩

连分数真的是一个有趣的东西。它不仅理论上有趣，而且它自身的奇怪属性也很有趣。

对于普通的分数，求倒数是很简单的，只需要调换下分子和

分母就可以了。对连分数来说，看起来好像很困难，但是事实上不难，甚至非常简单！以数字 2.3456 为例，即 [2；2，1，8，2，1，1，4]，它的倒数是 [0；2，2，1，8，2，1，1，4]。只需要在整数部分前面添加一个 0，然后把剩下的部分全部向右平移即可。如果本身是一个 0 在前面，那么去掉 0，把剩下的部分全部向左平移即可。

任意的有理数都可以使用一个有限长度的连分数表示。无理数不能使用普通分数和有限长度的小数表示，有限长度的连分数也没有办法表示无理数。但是，连分数表示不会比使用小数表示差（事实上还更好一点）。我们使用无理数的近似值的前缀来写小数，也就是说，写下数字的第一个数时，如果它足够精确就停止。如果需要更高的精度，在后面添加更多的数来得到更好的近似。使用连分数，我们也可以做到同样的事情：使用一组收敛值写下一个近似值，如果需要更高的精度，则添加更多的收敛值。

事实上，它会变得好一点。一个无理数的连分数形式是一组无穷个数的校正分数，我们可以理解为对该无理数的无穷序列进行不断改善的近似。连分数和小数的不同地方在于，产生下一个收敛值非常容易。事实上，可以利用生成连分数的过程，并且把它转换为一个函数，我们称之为*递推关系*，它基于当前数的一个收敛序列，从而计算下一个收敛值。关于连分数，这个递推关系是一个美妙的东西，而对于十进制小数而言，是没有办法定义一个函数来精确地产生下一位数的。

关于连分数的另外一个优点是其精确性和紧凑性。相比给小数添加一位数，给连分数添加一个收敛值会添加更多信息。例如，我们知道 π=[3；7，15，1，292，1，…]。要计算它的小数表示，连分数的最开始 6 位等价于 3.141 592 653 92。这是十进制 π 的前 11 位的值。连分数只需要 5 个收敛值，包含了总共 8 位数字，却是十进制下 11 位数的精度。通常，连分数的简洁性比这还要好！

除了酷以外，连分数还有一些真正有趣的性质。一个非常大的优点是：在连分数形式下，非常多的数变得更干净、更清晰了。特别地，没有明显结构或模式的数字，当使用连分数表示的时候，却可能揭示深层次的模式。

例如，每个整数的非完全平方根都是无理数。它们通常没有任何可见的结构。十进制下 2 的平方根大约是 1.414 213 562 373 095 1。但是如果将它写作连分数，将会得到 [1；2，2，2，2，…]。所有整数的非完全平方根在连分数形式下都具有重复的形式。

另一个很好的例子是 e。如果将它写成连分数，会得到 e=[2；1，2，1，1，4，1，1，6，1，1，8，1，1，10，1，1，12，1，…]。在这里以及其他许多情况下，连分数揭示了数字的底层结构。

连分数还有另外一个很酷的性质。当我们写数字的时候，是基于某个基的，也就是说，使用一个特殊数的幂次。在十进制下，所有的数字都以 10 为基。例如 32.12 是 $3\times10^{1}+2\times10^{0}+1\times10^{-1}+2\times10^{-2}$。如果改变数字的基，将完全改变数字的表示形式：十进制的 12.5 会变成八进制的 14.4。但是使用连分数，不同基的收敛值序列却完全一样。

11.3　作计算

当然，说到现在，一个很自然的问题就是，使用它们是否能够真的完成计算？它们漂亮，它们有趣，但是能真正使用它们吗？

能用它们做数学计算吗？

答案是肯定的（只要你是一台计算机）。

很长一段时间，没有人意识到这一点。直到 1972 年，一个叫比尔·高斯帕（Bill Gosper）的有趣家伙想出了一个方案[⊖]。高斯帕方法的全部细节是相当繁杂的，但是它的基本思想却并不难。

高斯帕的基本思路是，可以使用我们现在称为*迟缓计算*的方法来做连分数算术。使用*迟缓计算*，不需要每次都计算连分数的值，而是只有需要的时候才计算一次。

想象一下，在现代软件里，可以把连分数当作一个有两个方法的对象。

在 Scala（我个人的首选语言）里，代码如下所示：

cfrac/cfrac.scala

```
trait ContinuedFraction {
  def getIntPart: Int
  def getConvergent: Int
  def getNext: ContinuedFraction

  override def toString: String =
    "[" + getIntPart + "; " + render(1000) + "]"

  def render(invertedEpsilon: Int): String = {
    if (getConvergent > invertedEpsilon) {
      "0"
    } else {
      getConvergent + ", " + getNext.render(invertedEpsilon)
    }
  }

}
```

⊖ 可以在高斯帕的原创文章中阅读算法：http://www.tweedledum.com/rwg/cfup.htm。

使用上面定义的 Scala trait，可以实现一个连分数的对象，它基于一个浮点数创建连分数。

cfrac/cfrac.scala

```
class FloatCfrac(f: Double) extends ContinuedFraction {
  def getIntPart: Int =
    if (f > 1) f.floor.toInt
    else 0

  private def getFracPart: Double = f - f.floor

  override def getConvergent: Int =  (1.0/getFracPart).toInt

  override def getNext: ContinuedFraction = {
    if (getFracPart == 0)
      CFracZero
    else {
      val d = (1.0/getFracPart)
      new FloatCfrac(d - d.floor)
    }
  }
}

object CFracZero extends ContinuedFraction {
  def getIntPart: Int = 0
  def getConvergent: Int = 0
  def getNext: ContinuedFraction = CFracZero
  override def render(i: Int): String = "0"
}
```

这段代码精确实现了连分数计算的算法步骤。

高斯帕的第二个成就是，要得到连分数结果的下一个收敛值，只需要两个参与计算连分数的有限部分。因此，只需从连分数获取收敛值，直到足以计算出下一个收敛值。

实际的算法相当混乱。但是其要旨是这样的：总是能确定计算结果的下一个收敛值的取值范围，可能这个范围很宽，从 0 一直到无穷。在获得下一个收敛值的两个操作数后，就能进一步缩小这个范围。最终，当使用了足够的收敛值后，将范围限定在某个整数上，这就是你需要的收敛值。这时，使用一个新的连分数来表示剩余的值。而这个剩余值又将由另外一个未知的剩余值和另外一个还没有从两个操作数检索出来的收敛值表示。

基于高斯帕的洞察力，连分数变成了一种表示数字的方式，而这种方式难以置信地适用于电脑程序。高斯帕的连分数算法有非常高的精度，而且它对于十进制是无偏的。它很容易以某种方式完成计算，这种方式可以满足你的任意精度要求。要理解怎么实现它是痛苦的，但是一旦理解了，实现本身是相当简单的。而且一旦它被实现了出来，你就可以使用它有效工作。

有了高斯帕的方法，连分数变得无以复加地漂亮——不仅仅是之前介绍的它的各种很酷的特点，而且使用连分数计算会变得近乎完美地精确，还是你想要的任何精度！

Good Math

第四部分

逻　　辑

数学不仅仅是数字，它包罗万象。当你看透算术的本质而进行抽象的时候，数学的乐趣才开始真正地体现出来。所有的抽象都可以建立在两个基础的概念上：逻辑和集合论。 现在，我们先一起了解一下逻辑。

在这一部分中，我们会介绍什么是逻辑，什么是证明，以及从遵循逻辑的一个命题推导出另一个命题的真正含义是什么。我们将研究几种逻辑以了解各种逻辑如何描述不同类型的推理，将利用完全基于逻辑的编程语言来探索逻辑推理的能力。

第12章

Good Math

斯波克先生与不符合逻辑

我是科幻小说的忠实粉丝。事实上，我的整个家庭都是科幻小说的粉丝。在我小的时候，每个周六晚上6点都是科幻电视剧《星际迷航》（Star Trek）时间——当时一个地方台反复重播的原创系列。每到了星期六，我们都要确保晚上6点的时候在家，然后聚在电视机前一起看《星际迷航》。但是，关于《星际迷航》，有一件事我永远都不会原谅吉恩·罗登贝瑞（Gene Roddenberry），他滥用“逻辑”这个词，每次他都让斯波克先生（Mr. Spock）说“但是那不符合逻辑”。

斯波克先生的声明让很多人认为，“逻辑”和“合理”或“正确”的含义是一样的。当你听到某人说某件事情合乎逻辑时，他们真正要表达的意思不是“它是符合逻辑的”，而几乎是完全相反的意思：常识告诉他们“它是对的”。

如果你是在正确地使用“逻辑”这个词，那么无论正确与否，说“某件事情是符合逻辑的”其实没有任何意义。几乎任何事情，都可以是符合逻辑的。要使某件事情符合逻辑，只需要一组先决条件，然后推导出这个例子就可以了。

例如，如果我和你说“如果我的汽车是由铀组成的，那么月亮就是由奶酪组成的”是符合逻辑的，你几乎肯定会以为我疯了。

它是一个愚蠢、荒唐的陈述，而且直觉上也不是真的。斯波克先生肯定会说它是不符合逻辑的。但是事实上，它是符合逻辑的。基于谓词逻辑的规则，它是一个正确的陈述。事实上，这是一个愚蠢的陈述，并不意味着任何事情都是无关紧要的。它是符合逻辑的，是因为逻辑上它是真的。

它的逻辑性如何？说某件事情是符合逻辑的，我们真正说的是“它是可以被一个正式的推理系统推理的或者证明的”。在一阶谓词逻辑（FOPL）即数学上使用最频繁的逻辑中，一个“如果/那么”的陈述（正式说法是蕴含）是真的，只要“如果”部分是假的，或者“那么”部分是真的。如果你在“如果”部分放了一个假的陈述，则在“那么”部分放任何一个陈述，这个“如果/那么”的陈述都是逻辑真的。

但是，逻辑还远远不止这些。我们通常意义上讨论的逻辑并不是单一的事物，逻辑是具有推理规则的形式证明系统家族的称呼。有很多逻辑系统，一个陈述在一个系统里可以推理（是符合逻辑的），可能在另一个系统里面就是不符合逻辑的。这里有一个非常简单的例子，大多数人都知道，在逻辑里有一个规则叫作排中律，意思是说，对于一个给定的陈述 A，要么 A 是真的，要么非 A 是真的。在一阶谓词逻辑中，有一种陈述称为恒真命题，它一定是真的。但是，我们还有更多类型的逻辑可以使用。有一种非常有用的逻辑——直觉主义逻辑，在这种逻辑里，A 或者非 A 都不一定真。在没有证明 A 是真或者假之前，不能做任何关于它的真或假的推理。

逻辑的类型比你能想象的还要多。一阶谓词逻辑和直觉主义逻辑是非常相似的，但是还有很多其他类型的逻辑，它们的用处各不相同。对于代数和几何的推理，一阶谓词逻辑非常有用，但是当涉及时间的时候，它就糟糕透了。一阶谓词逻辑没有一种好的办法做类似这样的陈述："直到晚上6点之前，我不会感到饥饿。"它真正地刻画了这个陈述的时效性。有一种时序推理逻辑（CTL）（我们将在第15章中详细介绍）专门用来处理这类陈述，但是它却不擅长一阶谓词逻辑擅长的类型。每个逻辑都是出于某个目的设计的，为了做某种特殊的推理。每个逻辑都能通过不同的方式来证明不同的事情。

《星际迷航》和斯波克先生陈述的正确性是没有歧义的，这是逻辑的基础观点之一。斯波克先生做的，至少在理论上，试图将事物简化到一种没有歧义的、容易理解的形式上。但是，说是符合逻辑的并没有足够的意义。必须指出你正使用的是哪种逻辑。需要说出你用来推理的公理（基本事实）是什么，并且所用的逻辑是如何允许你做这种推理的。

对于同一个陈述，在一个逻辑里可以是逻辑上成立并且正确的，而在另一个逻辑里或者在同一个逻辑里使用不同的基本事实集合时是不成立并且不正确的。在没有声明使用的逻辑和公理之前，说一个结论是符合逻辑的等于什么也没有说。

12.1 什么是真正的逻辑

逻辑是一个机械推理系统。它是一个系统，可以让你使用中立的符号形式表达一个观点，并且使用这个符号形式去决定观点正确与否。在逻辑里，重要的不是含义，而是组成这个观点的一步一步的推理过程。它是一个非常强大的工具，特别是它在做推理的时候，忽略了背后的含义。逻辑不偏向某个论点的某一边，因为逻辑并不知道而且也不在乎论点的意义。

为了使得这样的无偏推理能正常工作，逻辑需要严谨的结构、形式化的方法。这种形式化告诉我们，当逻辑推导（也称为推理）被应用到真实的论点时，它能产出正确的结果。

我们关心这一点，因为逻辑是推理的核心，而推理是交流的核心！每一场政治辩论，每一个哲学论点，每一篇技术论文，每一个数学证明，每个论点的核心部分都有一个逻辑结构。我们使用逻辑来刻画核心部分，因此我们能看见它的结构，并且不只是看到它，而是理解它，测试它，最终完全地看到它是否正确。

我们使它形式化，是因为希望在分析一个论点的时候，保证没有任何的偏见。形式化使得我们的逻辑系统是可信赖的、系统的并且客观的。逻辑所做的事情就是得到一个观点，然后将它形式化，从而可以在不知道它的含义的情况下论证它的正确性。如果考虑它的含义，那么你的判断就很容易受直觉影响。如果知道论点是关于什么的，那么你就很容易让你自身的偏见乘虚而入。但是逻辑将它形式化后，理论上论点是可以被一台机器评估的。

形式上，逻辑由三个部分组成：语法、语义和一组推理规则。语法定义逻辑陈述是什么样子的，以及应该怎么读和写它们；语义定义逻辑陈述的含义，展示如何在抽象的逻辑陈述与你所推理的思想和对象之间移动；推理规则描述在给定一个逻辑表述的集合时如何进行逻辑推理。

12.2　一阶谓词逻辑

关于逻辑，你首先要知道的是它的语法。逻辑的语法告诉你，在逻辑中如何读、写句子。语法并没有告诉你如何理解句子的含义或者意思，它只是告诉你它们看起来的样子，以及如何把它们正确地放在一起。

逻辑把句子的含义和语法区分开了，它的含义叫作逻辑的语义。对于一阶谓词逻辑来说，语义是很容易理解的，并不是因为它们真的那么简单，而是因为我们每天都在使用它。你每天听到的大多数论点和大多数推理都是一阶谓词逻辑的，因此你已经习惯了它，即使没有意识到它。

我们一起看一下一阶谓词逻辑的基本语法和语义，因为这样会比较容易理解。从后面将要论证的对象说起。

逻辑的重点在于它可以让你对事物做出推理。这些事物可以是具体的事物，比如汽车或者人，也可以是抽象概念，比如三角形或者集合。但是为了利用逻辑进行推理，我们需要使用符号来表示这些事物。对于每一个我们想要推证的事物，我们都会引入一个符号，称为常量或者原子命题。每个原子命题都代表了一个特殊的事物、数字或者能使用逻辑推理的值。如果想推理自己的家庭，常量可能是家庭成员的名字、生活的地方等。可以把常量写成数字或者引用的词语。

当不想指定某个特定的事物时，可以使用变量。例如，如果你想说每个事物都有一个属性，比如每个人都有一个父亲，不想去写“Mark 有一个父亲”“Jennifer 有一个父亲”和“Rebecca 有一个父亲”等，而是希望能够写下一句话，并且陈述说它对每个人都是真的，就可以使用变量。一个变量自身没有任何含义，它从上下文获得含义。当我们讲到量词的时候，我们就会看到上面这段话意味着什么。

对于一阶谓词逻辑，我们还需要一个谓词。谓词有点像函数，用来描述事物的属性或者事物之间的关系。例如，当说“Mark 有一个父亲”时，“有一个父亲”就是谓词。在我们的例子中，我们这样来写谓词：一个首字母大写的标识符，后面紧跟括号，括号里带有讨论的事物。例如，使用一阶谓词逻辑写“Mark 的父亲是 Irving”，为 Father（"Irving"，"Mark"）。

每个谓词被定义好后，就解释了什么时候是真的，什么时候是假的。在上面的父亲例子中，对谓词的定义需要解释什么时候它是真的。在这个例子中，你可能觉得父亲这个名字已经足够了，当我们说“Joe 是 Jane 的父亲”时，我们知道它的含义是什么。但是逻辑需要含义精确。如果 Joe 实际上是 Jane 的继父，Father（"Joe"，"Jane"）是真的吗？如果我们在乎的是家族关系，那么答案应该是真的；如果我们在乎的是血缘关系，那么答案就是假的。对我们的例子来说，我们会定义血缘关系。

带参数的谓词被称为简单事实或者简单命题。

可以通过修改或者组合已有的陈述，组成更加有趣的陈述。最简单的组合和修改是“与”（称为合取）、“或”（称为析取）和“非”（称为否定）。语法形式上，我们使用符号∧代表“与”，符号∨代表“或”，符号¬代表“非”。利用这些符号，可以写这样的陈述：Father（"Mark"，"Rebecca"） ∧ Mother（"Jennifer"，"Rebecca"）（Mark 是 Rebecca 的父亲，Jennifer 是 Rebecca 的母亲），YoungestChild（"Aron"，"Mark"） ∨ YoungestChild（"Rebecca"，"Mark"）（Aron 是 Mark 最小的孩子或者 Rebecca 是 Mark 最小的孩子），¬ Mother（"Mark"，"Rebecca"）（Mark 不是 Rebecca 的母亲）。

与、或和非，几乎按照我们预期的方式工作。$A \wedge B$ 为真，当

且仅当 A 和 B 都为真。$A \vee B$ 为真，当且仅当 A 为真，或者 B 为真。$\neg A$ 为真，如果 A 为假。

关于逻辑或，有一个微妙的地方。非正式地说，如果说“我要汉堡或者鸡肉三明治”，那么意思是要汉堡或者鸡肉三明治，不是都要。对于逻辑或，$A \vee B$ 为真，当 A 和 B 至少一个为真，两个都为真也是可以的。一阶谓词逻辑中，非形式化语义或称为异或。定义逻辑的时候，我们没有定义异或，因为它能够使用其他陈述写出来[㊀]。

使用∧、∨和¬，可以组合所有我们想要的陈述。但是还缺少我们真正想要的一个东西：if-then，也就是蕴含。在所有的语义中，蕴含是一个常用的有用工具，所以我们真的需要能够直接把它写出来。严格来说，我们不需要它是因为能够用与、或和非来表述，但是因为它非常有用，我们还是添加了它。有两种推理：简单的 if 和 if-and-only-if（当且仅当）。

简单的 if 写为 $A \Rightarrow B$，读作“A 蕴含 B”或者“如果 A，那么 B”。意思是如果 A 部分是真的，那么 B 部分一定也是真的，并且相反情况也成立：如果 B 部分是假的，那么 A 部分一定也是假的。

if-and-only-if 写为 $A \Leftrightarrow B$，读作“A 当且仅当 B”。当且仅当是相等的逻辑版本：$A \Leftrightarrow B$ 为真，表示 A 与 B 同时为真，或同时为假。正如双箭头所暗示的：$A \Leftrightarrow B$ 等价于 $A \Rightarrow B \wedge B \Rightarrow A$。

这种关系让我们有能力表述所有的简单逻辑陈述。但是，我们依然不能写出有趣的论述。像这样的简单陈述是远远不够的。为了说明这一点，我们来看一个例子：古希腊哲学家亚里士多德

㊀ A 异或 B 可以写为：$A \vee B \wedge \neg(A \wedge B)$。

的最简单、最有名的逻辑论述之一。

1. 所有人终有一死。

2. 苏格拉底是一个人。

3. 因此，苏格拉底会死。

到现在为止，我们知道的一阶谓词逻辑无法写出这个论述。对于特定的原子命题，我们知道怎么写特定的陈述，也就是说我们能写第二步和第三步，即 Is_A_Man（"Scorates"）和 Is_Mortal（"Scorates"）。但是我们没有办法表述第一步“所有人终有一死”，因为无法表述“所有人”。它是一个关于所有原子的陈述，然而我们现在还没有关于所有原子的一般表述陈述。

为了对任意可能的值写一个一般命题，需要使用全称命题。它被写为 $\forall a: P(a)$（读作“对于所有 a，$P(a)$成立”），意思是说对于 a 的所有可能取值，$P(a)$都是真的。

大多数情况下，全称命题出现在推理中时，允许你把值域限制在一个特定的集合里面，而不是所有可能的值。在苏格拉底的例子中，全称命题“所有人终有一死”可以被写为 $\forall x$：Is_A_Man(x)⇒Is_Mortal(x)（“对于所有的 x 来说，如果 x 是一个人，那么 x 最终会死）。因为它被使用得很频繁，所以有一个简写的方式：$\forall x \in$ Is_A_Man：Is_Mortal(x)。

最后要介绍的是*存在命题*。存在命题是说一定存在某个值使得一个陈述是真的，即使我们不知道那个陈述是什么。使用家族例子，我们能说我一定有一个父亲：$\exists x$：Father(x，"Mark")，可以被读作“一定存在这样的一个 x，x 是 Mark 的父亲”。

存在命题和通用命题一起使用的时候，非常有用。说我一定有一个父亲并不是一个很有用的陈述：我们都知道我的父亲是谁。但是，通过将存在命题和全称命题组合起来，我会说所有人都有一个父亲，即 $\forall x$：$\exists y$：Father(y，x)，它总是真的——人类生物学的一个基本事实。如果我们看到一个人，我们知道这个人一定有一个父亲，但可能不知道他父亲是谁。事实上，他们自己可能都不知道这个人是谁。但是我们知道的是，毫无疑问这个人有一个父亲。两个量词的组合就可以让我们这么说。

12.3 展示一些新东西

现在我们已经学习了逻辑语言的知识：怎么读和写，以及怎么理解它们的含义。但是到目前为止，我们只是有了写陈述的语言。真正让它成为逻辑的是它能够证明东西的能力。在逻辑中，通过推理完成证明：推理给你一个方法，让你可以利用已知的东西来证明新的事实，并将它添加到你的知识中。

本节不会详细讲述一阶谓词逻辑允许的所有推理规则，只是给出一些例子来展示一些推理。下一章会更加详细地介绍对于证明有用的所有规则。现在介绍一阶谓词逻辑的几个工作方式，让你有一个感性认识。

- **演绎推理。**这是谓词逻辑最基本的规则。如果我们知道 $P(x) \Rightarrow Q(x)$（$P(x)$ 蕴含 $Q(x)$），并且知道 $P(x)$ 为真，我们就能推理说 $Q(x)$ 一定也为真。类似地，可以进行逆反向推理。如果我们知道 $P(x) \Rightarrow Q(x)$，而且知道 $\neg Q(x)$ 为真（$Q(x)$ 为假），那么可以得出结论 $\neg P(x)$ 为真，也就是说 $P(x)$ 也为假。
- **化简。**如果我们知道 $P(x) \wedge Qx)$ 为真，那么能推理出 $P(x)$ 一

定为真。类似地，如果我们知道 $P(x) \vee Q(x)$ 为真，并且知道 $Q(x)$为假，那么 $P(x)$一定为真。

- **全称消除。**如果我们知道 $\forall x$：$P(x)$ 为真，并且"a"是一个特定的原子命题，那么我们能推理出 P("a") 为真。
- **存在推广。**如果 x 是一个未使用的变量并且我们知道 P("a")为真，那么我们能够推理出 $\exists x$：$P(x)$为真。
- **全称推广。**如果我们能够证明在不知道 x 的任何信息的情况下 $P(x)$为真，那么能够推出结论并且说 $\forall x$：$P(x)$。

使用逻辑来进行推理时，从一组公理开始，公理是一些基本事实，即使没有证明，也知道它们是真的。一个命题如果能够利用公理和逻辑推理证明出来，那么该命题在这个逻辑上是真的。

回到家族的例子，下面是一组关于家族的公理。

- 公理 1：Father("Mark", "Rebecca")，Mark 是 Rebecca 的父亲。
- 公理 2：Mother("Jennifer", "Rebecca")。
- 公理 3：Father("Irving","Mark")。
- 公理 4：Mother("Gail", "Mark")。
- 公理 5：Father("Robert", "Irving")。
- 公理 6：Mother("Anna","Irving")。
- 公理 7：$\forall a$，$\forall b$：Father(a，b) $\vee$ Mother(a，b))$\Rightarrow$Parent(a，b)。
- 公理 8：$\forall g$，$\forall c$：($\exists p$：Parent(g，p) $\wedge$ Parent(p，c)$\Rightarrow$Grandparent(g，c)。

现在，我们用这些公理和推理规则来证明 Irving 是 Rebecca 的祖父母。

例：证明 Irving 是 Rebecca 的祖父母。

1. 由公理 1 的 Father("Mark","Rebecca")，我们能推出 Parent("Mark","Rebecca")，将其记作推理 I1。

2. 由公理 3 的 Father("Irving","Mark")，我们能推出 Parent("Irving","Mark")，将其记作推理 I2。

3. 由推理 I1 和 I2，即 Parent("Mark","Rebecca") 和 Parent("Irving","Mark")，我们能推出 Parent("Mark","Rebecca") ∧ Parent("Irving","Mark")，将其记作推理 I3。

4. 由推理 I3，我们知道 Parent("Mark","Rebecca") ∧ Parent("Irving","Mark")，利用公理 8，我们能推出 Grandparent("Irving","Rebecca")。

5. 证毕。

在一个给定的逻辑里，从它的规则产生出来的一连串推理被称为证明。在上面的例子里，证明中的这串推理是一阶谓词逻辑的。一个非常值得注意的事情是其证明完全是符号的，也就是我们不需要知道那些元素代表的含义是什么，或者说那些谓词的含义。逻辑中的推理过程是纯粹符号的，而且可以在完全不知道它们的具体含义的情况下得到证明。推理是一个从一些给定前提推出结论的简单过程。给你正确的前提，可以证明几乎所有的命题；给你选择前提和逻辑的机会，可以证明任意的命题。

我们试着重新做一次第 1 章中的归纳证明，这一次我们将清楚地知道是如何使用逻辑推理的。

例： 证明对于所有的 n，0 到 n 的所有自然数的和是 $n(n+1)/2$。

1. 从逻辑的角度来讲，归纳规则是一个推理，它告诉我们：如果命题对于 0 为真，并且对于大于等于 1 的整数 n，假如我们能够证明如果 $n-1$ 为真，那么 n 也为真，就证明了它对所有的 n 都为真——我们证明了命题。

2. 为了使用这种推理方式，我们需要证明两种情形。从基本情形开始，我们需要证明 0 到 n 的和等于 $n(n+1)/2$ 在 $n=0$ 时成立。如果要完整地证明，将需要使用前面提到的基于皮亚诺定义的加法和乘法。在乘法的定义里，它说零乘以任意数都等于零。作为一个逻辑等价，将 0 代入 $n(n+1)$，所以 0 到 0 的和是 0，因此，基本情形得到了证明。我们现在有了一个推理出来的事实——它对于 0 为真。

3. 现在到了归纳部分。归纳本身就是一个推理。如果我们需要证明的断言是 P，那么需要做的是证明对于所有的 n，$P(n)$ 蕴含 $P(n+1)$。我们做这件事情的方式是使用全称推广推理规则。证明对于**任意的** n，$P(n)$ 是正确的。

假设对于 n 它为真，那么我们希望能够证明对于 $n+1$，它也为真。

因此，我们想要证明的是下式：

$$(0+1+2+3+\cdots+n+n+1)=\frac{(n+1)(n+2)}{2}$$

4. 然后我们就进入代数部分，也就是第一次使用的方法。这个部分结束后，我们会得出一个结论：如果 P 对于 n 成立，那么对于 $n+1$ 也是成立的。可以使用一个推理规则将其一般化为一个全称命题。

5. 现在我们有了蕴含推理所需要的两个命题，因此，能够使用蕴含推理（假如 A 蕴含 B，我们知道如果 A 是真的，那么 B 一定是真的）。我们知道 P 对于 0 是真的，我们也知道对于所有 $n>0$，如果 P 对于 $n-1$ 为真，那么 P 对于 n 也为真。因此通过归纳规则，我们现在能够得出结论：对于所有的自然数 n，从 0 到 n 的所有自然数之和是 $n(n+1)/2$。

6. 证毕。

把这些推理规则都审视了一遍，有点杀鸡用牛刀的感觉，但是这个过程是有意义的。

逻辑的一个漂亮之处在于，它让推理简单而且机械地进行。那些规则的列表看起来可能非常复杂，但是当你好好思考它们的时候，实际上就是日常生活中的政治、商业、学校或者是饭桌上的各个陈述，当你看透它们的本质时，都可以使用一阶谓词逻辑来表述。并且，所有这些论点，通过将它们转化成一阶谓词逻辑形式并应用一些推理规则，每个人在各种情况下都可以测试它们的真伪。这就是用来检查任意的论点或者给出证明所需要的。当你这样思考的时候，就会发现它是如此简单。

第13章

Good Math

证明、真理和树

逻辑的精髓就是证明。证明是什么？在数学里，它是一个逻辑推理系列，能够解释一个新的事实（称为结论）是如何从一组已知事实（称为前提）推导出来的。

证明容易让人生畏。我依然记得高二时几何课学习证明的经历。那是至今为止数学课上最糟糕的经历了。我试图在家庭作业里面完成一道证明题，当老师将我的答题返还给我时，我的答题上布满了红色的笔迹，每隔一行就被标记为“逻辑不对”或者“考虑不周全”。而我却怎么也想不出该怎么做。

很多人都有类似的经历。我们被告诉一个有效的证明应该是这样的，即它的每一步都可以从上一步推出来，而且它能够覆盖所有的情况。遗憾的是，我们并没有被很好地告知如何精确地判断一步推理是可行的，或者如何保证已经覆盖了所有的情况。要理解这些，只能从理解逻辑和证明中所用到的逻辑推理的机制上着手。

这就是大多数人觉得证明难的原因。并不是证明本身有多难，而是掌握证明中需要用到的逻辑很难。在大多数数学课中，证明中的逻辑部分并没有被真正地教授。它被认为是理所当然就应该知道的事情。对一些人来说，它很简单，但是对于很多人却并不是这样的。

因此，本章将介绍一阶谓词逻辑中证明的机制。所使用的技术称为真理树或者语义表。你将看到的与典型的真理树有一点差异。我在大学时期很幸运地上了一个伟大教授的逻辑课程，这个教授名叫 Ernest Lepore。他提炼出了教授真理树的独特方式，直到今天，我依然使用他传授的方式，所以这里也将向你介绍这样的方式。（如果你想从更少数学知识的角度来了解更多关于逻辑和证明的知识，可以学习 Ernest Lepore 教授的书：《Meaning and Argument：An Introduction to Logic Through Language》[Lep00]。）

13.1 用树来建立简单的证明

真理树通过制造矛盾来工作。我们有一个命题，要证明它是真的，通过否认它得到一个否命题，然后证明这个否命题会导致矛盾。

例如，可以使用这个基本方法证明并不存在一个最大的偶数 N。

例： 证明不存在一个最大的偶数 N。

1. 我们否认需要证明的事实，然后证明它将导致一个矛盾。假设 N 是一个最大的偶数。

2. 由于 N 是一个最大的偶数，那么对于任意的其他偶数 n，都有 $n<N$。

3. N 是一个自然数，因此，它能与其他自然数相加。

4. 如果在 N 上加 2，结果将还是一个偶数，而且它比 N 大。

5. 我们刚才得到了一个大于 N 的偶数，而这与第二步是矛盾的。因为有了这个矛盾，所以陈述 N 是最大的偶数就是假的。

这就是真理树的工作原理：从否认的结论开始，在推导的每个可能步骤中导致一个矛盾。树的机制提供了一个简单而实际的方法，保证已经考虑到了所有可能的情况：每次只要引入了另外一种情况，就构建了这棵树的一个分支。

实际中，并不会真的使用真理树来写证明，而是使用它来检验证明。当我认为已经在一阶谓词逻辑中有了一个好的证明时，通过构建一棵真理树来检验它是否正确。这棵树可以简单地查看一个证明，验证所有的过程都遵循了正确的推理，所有的情况都考虑到了，确保证明是合理的。

应用真理树，你要做的第一步是将已经知道的所有前提写在一列里，然后将想要证明的命题写在这一列的最上面。接下来，否定这个命题。在真理树里，利用否定命题作推导，每一个可能的推理路径都将导致一个矛盾。如果这发生了，那么我们就知道否命题是假的，也就是我们想要证明的原命题就是真的。

这些推理规则列在表 13-1 和表 13-2 中。对于其中的大多数规则，仔细地看看并思考一下，你就会明白它们的含义。但是逻辑的关键在于它是一个不需要知道其具体含义的推理系统。逻辑定义了这些推理规则，只要你遵守它们，就可以建立合理的证明。

表 13-1　逻辑等价规则

蕴含等价	$A \Rightarrow B$ 等价于 $\neg A \vee B$
全称否定	$\neg \forall x: P(x)$ 等价于 $\exists x: \neg P(x)$
存在否定	$\neg \exists x: P(x)$ 等价于 $\forall x: \neg P(x)$
与否定	$\neg(A \wedge B)$ 等价于 $\neg A \vee \neg B$
或否定	$\neg(A \vee B)$ 等价于 $\neg A \wedge \neg B$
双重否定	$\neg\neg A$ 等价于 A
全称重排	$\forall a: (\forall b: P(a, b))$ 等价于 $\forall b: (\forall a: P(a, b))$
存在重排	$\exists a: (\exists b: P(a, b))$ 等价于 $\exists b: (\exists a: P(a, b))$

表 13-2 一阶谓词逻辑里的真理树的推理规则

条件	规则	推理
与化简（左）	$A \wedge B$	A
与推广	A 与 B	$A \wedge B$
或分支	$A \vee B$	两个分支：一个是 A 为真，一个是 B 为真
或否	$A \vee B$ 并且 $\neg A$	B
或推广	A	$A \vee B$
演绎推理	$A \Rightarrow B$ 并且 A	B
全称消除	$\forall x: P(x)$	对于任意特定的原子命题 a，$P(a)$ 为真
存在消除	$\exists x: P(x)$	对于任意未知的原子命题 a，$P(a)$ 为真

13.2 零基础的证明

我们已经看到了这么多规则，那么如何使用它们呢？

我们从一个简单而基础的逻辑规则排中律开始。它说任何命题要么是真的，要么是假的。把它写成逻辑的形式，意思是如果有一个命题 A，那么不管 A 是什么，都有 $A \vee \neg A$ 一定是真。

排中律是一个恒真命题，也就是它是一个基础真理，必须永远为真，而不管我们选择的公理是什么。为了证明这个恒真命题为真，我们需要建立一个证明，而且不使用该命题陈述以及逻辑推理规则之外的任何东西。如果我们能在没有前提的条件下证明 $A \vee \neg A$ 为真，那么它是永真的。

要想证明 $A \vee \neg A$，我们将使用真理树的否，然后证明这棵树的每条路径都会以矛盾结束。证明如图 13-1 所示。

1: $\neg(A \vee \neg A)$
↓
2: $\neg(A \wedge \neg\neg A)$
↓
3: $\neg A$
↓
4: $\neg\neg A$
↓
5: A

图 13-1 排中律的证明树

证明 $A \vee \neg A$ 为真。

1. 我们想证明 $A \vee \neg A$，所以从它的否开始：$\neg(A \vee \neg A)$。

2. 通过使用**与否定**等价规则，能得出 $\neg A \wedge \neg\neg A$。

3. 在第二步的结果上使用**与化简**，得到 $\neg A$。

4. 在第二步的结果上继续使用**与化简**，得到 $\neg\neg A$。

5. 在第四步的结果上使用**双重否定**，得到 A。

6. 在这棵树中，现在仅有的分支是 A 和 $\neg A$，而它们是一个矛盾。

这就是这个永真命题的完整证明。它并不难，是不是？这个证明的关键是我们知道已经考虑到了所有情况，所有东西都是从前面推导出来的，所有情况一定都被覆盖到了。

有一点必须要注意的是，在推导的每一步，我们并不知道它们的具体含义。从一开始，我们就去找模式可以匹配规则里面的哪一条，然后使用这条规则演化得到一些新的东西：一条新的推理，将它加到真理树。

这是一个简单的例子，但是即使是这样简单的例子，证明最难的部分也不是规则的应用。规则的应用很简单，但是怎样决定应用哪个规则？这是最难的部分，我是怎么知道在第三步使用与化简的？本质上说，我利用自身经验做了猜测。我知道想要的是一个简单的矛盾，而为了做到这一点，需要把命题分开，这样就可以得到矛盾。

如果你是一个程序员，建立证明非常像遍历一棵搜索树。理论上来说，证明里的每一步都能寻找到各种可以使用的推理规则，然后试着使用每一个。如果不断地尝试，并且这个命题是可以证明的，那么最终将得到一个证明。它可能会需要很长一段时间，但是，只要命题是可证的，就会找到它。（在第 27 章将看到，如果命题是不能证明的，可能要永远地搜寻下去。）在实践中，建立真实的证明是一个在许多方向搜索和试错的组合过程。看看想证明什么，并根据你知道的事实，设计出可能的推理步骤。知道选择是什么，基于你对所证明的事物的理解，选择一个看上去最有可能导致结论的推理。如果尝试了一种选择，但是走不通，那么再做另外一个选择并继续试错。

13.3 家族关系的例子

现在我们继续证明一些更加有趣的东西。回到上一章家族关系的例子，证明如果两个人是堂兄弟姐妹，那么他们有共同的祖父母。

在家族关系中，我们需要定义堂兄弟姐妹的逻辑表述形式：对于两个人，如果他们父母中有一个和对方父母中的一个是兄弟姐妹，那么他们是堂兄弟姐妹。在一阶谓词逻辑中，即 $\forall a$：$\forall b$：Cousin$(a, b) \Leftrightarrow \exists m$：$\exists n$：Sibling$(m, n) \wedge$ Parent$(m, a) \wedge$ Parent(n, b)。

证明：$\forall d$：$\forall e$：Cousin$(d, e) \Leftrightarrow \exists g$：Grandparent$(g, d) \wedge$ Grandparent(g, e)。

就像证明排中律一样，证明它并不需要穷尽所有的分支。这个证明的确有一点跳跃。理解它的诀窍是要记住对树中的每个命题而言，它上面的部分都是一个公平的博弈。

在整个证明中，我们的目标是通过使用堂兄弟姐妹和祖父母的定义，将它们分解为简单的命题，然后将它们推向一个矛盾。

1. 一如既往，对于要证明的命题取否，它是树的根：

$$\neg(\forall d:\forall e:\text{Cousin}(d,e))\Leftrightarrow\exists g:\text{Grandparent}(g,d)\wedge\text{Grandparent}(g,e))$$

2. **全称否定等价**，将¬推到第一个∀里面：

$$\exists d:\neg(\forall e:\text{Cousin}(d,e)\Leftrightarrow\exists g:\text{Grandparent}(g,d)\wedge\text{Grandparent}(g,e))$$

3. **全称否定等价**，将¬推到第二个∀里面：

$$\exists d:\exists e:\neg(\text{Cousin}(d,e)\Leftrightarrow\exists g:\text{Grandparent}(g,d)\wedge\text{Grandparent}(g,e))$$

4. **蕴含等价**，将⇒转换为∨：

$$\exists d:\exists e:\neg(\neg\text{Cousin}(d,e)\vee\exists g:\text{Grandparent}(g,d)\wedge\text{Grandparent}(g,e))$$

5. **或否定**，将¬推到或里面：

$$\exists d:\exists e:\text{Cousin}(d,e)\wedge\neg\exists g:\text{Grandparent}(g,d)\wedge\text{Grandparent}(g,e)$$

6. **存在消除**，通过使用新变量替换将∃消除：

$$\text{Cousin}(d',e')\wedge\neg\exists g:\text{Grandparent}(g,d')\wedge\text{Grandparent}(g,e')$$

7. **与化简**，将∧左边的式子剥离出来：

$$\text{Cousin}(d',e')$$

8. **全称消除**，用 d' 和 e' 实例化 Cousin 的定义：

$$\text{Cousin}(d',e')\Leftrightarrow\exists p,\exists q:\text{Sibling}(p,q)\wedge\text{Parent}(p,d')\wedge\text{Parent}(q,e')$$

9. **演绎推理**：

$$\exists p:\exists q:\text{Sibling}(p,q)\wedge\text{Parent}(p,d')\wedge\text{Parent}(q,e')$$

10. **存在消除**：

$$\text{Sibling}(p',q')\wedge\text{Parent}(p',d')\wedge\text{Parent}(q',e')$$

11. **与化简**：

$$\text{Sibling}(p',q')$$

12. **全称消除**，实例化同胞兄弟 p'，q' 的定义：

$$\text{Sibling}(p',q')\Rightarrow\exists g:\text{Parent}(g,p')\wedge\text{Parent}(g,q')$$

13. **演绎推理**：

$$\exists g: \text{Parent}(g, p') \land \text{Parent}(g, q')$$

14. **全称消除**，实例化祖父母的定义：

$$\forall g: \text{Grandparent}(g, d') \Leftrightarrow \exists e: \text{Parent}(g, e) \land \text{Parent}(e, d')$$

15. **与推广**：

$$\text{Parent}(p', d') \land \text{Parent}(g, p')$$

16. **演绎推理**：

$$\text{Grandparent}(g, d')$$

17. 现在，重复祖父母的实例化，**祖父母**使用 e'，将得到：

$$\text{Grandparent}(g, e')$$

18. 回到之前进行**与化简**的位置，分离出左边的式子，并且继续分离出右边的式子，将得到：

$$\neg \exists g: \text{Gandparent}(g, d') \land \text{Grandparent}(g, e')$$

19. 这就是一个矛盾。因为我们从未另开分支，也就是说我们的树只有一个分支，在上面得到了一个矛盾，这就意味着我们完成了工作。

13.4 分支证明

至今为止，我们已经介绍的两个真理树证明都是单分支的。在实际应用中，很多有趣的证明，特别是数论和几何，往往都是单分支的。然而，某些证明的确需要分支。为了了解它们是如何工作的，我们看另外一个恒真命题：蕴含的传递性。如果我们知道一个命题 A 蕴含命题 B，也知道命题 B 蕴含第三个命题 C，那么命题 A 蕴含命题 C 一定是真。逻辑形式是：$(A \Rightarrow B \land B \Rightarrow C) \Rightarrow (A \Rightarrow C)$。

图 13-2 表明了这样的真理树证明。这个证明里面的策略和排中律的证明相似。在证明的开始获取命题，然后将命题分解为简单命题，再试着去寻找矛盾。

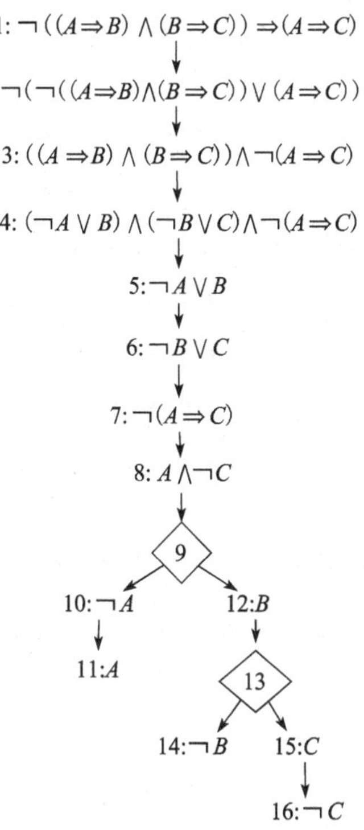

图 13-2　真理树例子

例： 证明 $(A\Rightarrow B\land B\Rightarrow C)\Rightarrow(A\Rightarrow C)$。

1. 一如既往，对于要证明的命题取否。
2. 使用**蕴含等价**，去掉最外面的蕴含。
3. 使用**与否定**和**双重否定**，将外面的否定推到命题里。
4. 使用两次**蕴含等价**，去掉前面的两个蕴含。

5. 使用**与化简**分离第一个式子。

6. 使用**与化简**分离第二个式子。

7. 使用**与化简**分离第三个式子。

8. 使用**蕴含等价**和**或否定**简化第 7 步的结果。

9. 在第 5 步结果上使用**或分支**。

10. 在第 9 步结果上使用**或分支**，取左分支。

11. 在第 8 步结果上使用**与化简**，我们将在这条分支上得到 A 和 $\neg A$，而这是一个矛盾。这意味着在这个分支上的任务结束了。

12. 对第 9 步结果使用**或分支**，取右分支。

13. 在第 6 步结果上使用**或分支**。

14. 对第 13 步结果使用**或分支**，取左分支得到 $\neg B$，这和第 12 步的 B 矛盾，因此在这个分支上结束。

15. 对第 13 步结果使用**或分支**，取右分支。

16. 在第 8 步结果上使用**与化简**，将得到 $\neg C$，这和第 15 步的 C 矛盾，意味着在最后一个分支上也得到了一个矛盾。因为所有的分支都以矛盾结束，所以我们完成了证明。

这里详细地介绍真理树是如何进行推理的，有两个重要的原因。

首先，逻辑推理看起来非常不可思议。正如我们将在下一章介绍的，可以使用逻辑推理做相当困难的事情。这看起来好像是说推理很复杂，但是不是的，相反推理很简单。你可以看到它只有少量的规则，你不用花费太大的力气就可以理解它们。但是这个简单的框架却被证明非常强大。

其次，详尽地学习这些规则有利于明确逻辑的一个基本观点。这些规则是纯语法的，因此可以使用符号进行推理，而不需要知道它们的具体含义。

第14章

Good Math

使用逻辑编程

看了这么多使用真理树做一阶谓词逻辑里的推理，你可能想知道使用推理到底能做什么。答案是，它可以做的事情太多了！事实上，只要是计算机可以做的事情——任何可以写成一个程序的计算，一阶谓词逻辑推理都可以做！

这不是瞎吹或者理论上的，而是真实的实践事实。有一个非常强大、非常有用的编程语言 Prolog，它是这样一种程序：除了一系列的事实和陈述以外什么都没有——你能做的是提供一个事实和谓词的集合。Prolog 程序的执行是 Prolog 解释器将程序里的事实和断言解释成一连串的推理。

奇怪的是，即使你是一个职业程序员，大概也永远不必写 Prolog 程序。但是，作为一个程序控，请相信我，Prolog 是很值得学习的。我熟悉好几门编程语言，但是，当有人问我应该学习哪门语言的时候，我通常告诉他是 Prolog。不是因为我期望他们去使用它，而是 Prolog 会打开你的另一种完全不同的编程思维，这是非常值得花费时间的。

我不会教你所有你想知道的关于 Prolog 的东西，它已经远远超出了这里的内容。如果有兴趣的话，你可以去阅读一本关于 Prolog 的书。（本章末列出了两本参考书。）这里会介绍 Prolog 的大概模样。

14.1 计算家族关系

我将用和上一章相同的例子介绍 Prolog：家族关系。但不是把它们写成逻辑语法的形式，而是使用 Prolog，并且将介绍如何与 Prolog 系统交互。我将使用一个叫作 SWI-Prolog[⊖] 的免费开源 Prolog 解释器，但你可以使用这个，或者你的电脑里的任何其他 Prolog 系统。

在逻辑里，推理的对象称为*原子命题*。在 Prolog 里，原子用任何小写的标识符、数字或者带引号的字符串表示。例如：Mark、23 和"q"是原子。作为例子，我们将研究家族关系的推理，因此原子是名字。

Prolog 中的变量是一个代表原子的符号。在逻辑里，变量可以用来推理全称属性——如果每个对象都有相同的属性（例如，每个人有一个父亲），那么逻辑里就有一种使用变量来表述的方式。Prolog 中的这种变量用大写字母来表示：X，Y。

Prolog 中的谓词是一个陈述，它可以让你定义或者描述对象和变量的属性。谓词用标识符表示，后面紧跟的括号里面是它所刻画的对象。例如，可以使用一个名为 father 的谓词表述我的父亲是 Irving：father(Irving，Mark)。如下面的例子，使用谓词 person 列举了一系列事实，声明一堆原子都是人。我们这里所做

⊖ 可以从以下地址得到 SWI-Prolog 信息并且下载 SWI-Prolog：http://www.swi-prolog.org/。

的是向 Prolog 解释器展示了一些基本的已知事实，而这些就是逻辑里的公理。

logic/family.pl
```
person(aaron).
person(rebecca).
person(mark).
person(jennifer).
person(irving).
person(gail).
person(yin).
person(paul).
person(deb).
person(jocelyn).
```

可以使用逗号连接一系列事实：A，B 意味着 A 和 B 都是真的。

现在，可以检查某些原子是否是人。如果加载一些事实到 Prolog 中，我们能问：

```
⇒ person(mark).
❮ true.
⇒ person(piratethedog).
❮ false.
⇒ person(jennifer).
❮ true.
```

从这点上来看，它能告诉我们所有这些命题是否都被清晰地写成了事实。这很好，但是实践上没有什么意思。到现在为止，我们没有给它任何东西用来推理。为了给它推理的工具，可以定义更有趣的谓词。我们将给它一些进行家族关系推理所需要的规则。在此之前，需要给它一些基本的家族关系。为了做到这一点，还需要通过使用带多个参数的谓词给它一些更复杂的事实。下面我们将写关于父亲和母亲的事实。

logic/family.pl

```
father(mark, aaron).
father(mark, rebecca).
father(irving, mark).
father(irving, deb).
father(paul, jennifer).
mother(jennifer, aaron).
mother(jennifer, rebecca).
mother(gail, mark).
mother(gail, deb).
mother(yin, jennifer).
mother(deb, jocelyn).
```

现在，终于到了有趣的部分，使逻辑有价值的地方就是它的推理能力，即以某种方式组合已知的事实产生新事实的能力。

因此，假设我们想讨论谁是父母，谁是祖父母。不必把所有的父母关系都枚举一遍。我们已经说了谁是谁的母亲和父亲，所以我们能使用母亲和父亲的概念描述父母，而一旦我们做了这个，我们就能使用父母的概念描述祖父母。

logic/family.pl

```
grandparent(X, Y) :- parent(X, Z), parent(Z, Y).
```

首先，有两行逻辑上父母是什么的定义。每行定义一个选择，两行父母定义可以读作："如果 X 是 Y 的父亲，X 是 Y 的父母；或如果 X 是 Y 的母亲，X 是 Y 的父母。"

然后，利用父母的概念来定义逻辑上祖父母是什么："如果存在一个 Z，X 是 Z 的父母，Z 又是 Y 的父母，X 是 Y 的祖父母。"可以用 Prolog 解释器来推断关于父母和祖父母的事实。为了做到这一点，只需要写下带变量的逻辑语句，它将试图寻找那些使语句为真的变量值。

我们想写下规则来定义兄弟姐妹又该如何呢？兄弟姐妹是有共同父母的人。所以可以在 Prolog 中从逻辑上定义兄弟姐妹：A

和 B 是兄弟姐妹，如果存在一个 P，P 是 A 和 B 的父母。

logic/family.pl

```
sibling1(X, Y) :-
  parent(P, X),
  parent(P, Y).
```

我们来试试下面这条规则。

```
❮ ?-
⇒  sibling(X, rebecca)
❮ X = aaron ;
  X = rebecca ;
  X = aaron ;
  X = rebecca ;
  false.
```

Prolog 会推断所有符合逻辑规则的事实。编译器既不知道也不关心语义：它是一个计算机程序，精确地完成你告诉它的事情。常识告诉我们，说 Rebecca 是 Rebecca 的兄弟姐妹是很愚蠢的，但是对于我们所写的 Prolog 程序，Rebecca 就是 Rebecca 的兄弟姐妹。我们没有正确地写下定义。我们写下的 Prolog 程序并没有包括所有的重要事实，因此不能说 Prolog 解释器推断的事实是不对的。这是写 Prolog 的一个技巧，或者说是使用任何编程语言写出好代码的技巧。我们必须能够具体而且清晰地定义，并且依赖常识或者直觉，保证没有在代码里面留下漏洞。在定义兄弟姐妹的代码里，需要添加语句说明没有人是他自己的兄弟姐妹。

logic/family.pl

```
sibling(X, Y) :-
  X \= Y,
  parent(P, X),
  parent(P, Y).

cousin(X, Y) :-
  parent(P, X),
  parent(Q, Y),
  sibling(P, Q).
```

最后，我们能写下堂兄弟姐妹的规则。A是B的一个堂兄弟姐妹，如果A有一个父母（称为P），B有一个父母（称为Q），P和Q是兄弟姐妹。

logic/family.pl
```
cousin(X, Y) :-
  parent(P, X),
  parent(Q, Y),
  sibling(P, Q).
```

```
❮ ?-
⇒  parent(X, rebecca).
❮ X = mark ;
  X = jennifer.
  ?-
⇒ grandparent(X, rebecca).
❮ X = irving ;
  X = paul ;
  X = gail ;
  X = yin.
⇒ cousin(X, rebecca).
❮ X = jocelyn;
  X = jocelyn.
```

它是怎么知道Rebecca和Jocelyn是堂兄弟姐妹的？它使用了我们给它的父母的定义和具体的事实（公理），并且组合了它们。基于事实father(mark，rebecca)(Mark是Rebecca的父亲）以及一般的陈述parent(X，Y)：-father(X，Y)，它能够组合它们并推断出事实parent(mark，rebecca)。同理，它使用了祖父母的规则，并将它和父母的规则以及具体的事实组合起来，产生了新的事实——谁是谁的祖父母。同样有趣的地方是，为什么它有时会给出两个相同的结果呢？那是因为它每次推断出一个结果时都会输出一个结果。对于Mark和Deb来说，它推断出了两次他们是兄弟姐妹——一次是他们有共同的母亲，一次是他们有共同的父亲。然后当它试图去找出 Rebecca 的堂兄弟姐妹时，使用了 Mark 和 Deb 两个人的兄弟姐妹关系，因此它说了两次 Rebecca 和 Jocelyn 是堂兄弟姐妹。

本质上来讲 Prolog 就是在产出事实。当我们给它一个带变量的谓词时，它拿到这个谓词，寻找哪些值填充到该变量下可以使得该谓词为真。Prolog 程序产出的任何结果其实都是 Prolog 能够产生证明的一个事实。

关于 Prolog 程序，一个非常重要的属性是它的证明完全是符号化的！Prolog 解释器并不知道原子代表的含义或者谓词的含义，它们只是电脑内存里面的符号。对于所有的逻辑来说以下都是对的：推理是一个机械过程。基于一些原子、事实以及一些推理规则，逻辑能够衍生出证明，而不需要知道更多它们的含义。逻辑里的推理过程是纯粹符号的，而且能够在不知晓任何你试图证明的谓词的含义的情况下做到。通过使用提供的推理规则，它是一个完全机械的过程。基于正确的前提，你几乎能够证明任意命题；基于正确的逻辑和前提，你一定能证明任意命题。

14.2　使用逻辑计算

除了家族关系推理这样的初级问题之外，可以使用 Prolog 做更复杂的事情。在 Prolog 里，只使用逻辑推理，我们能实现程序来完成其他传统编程语言可以执行的大多数计算。我们将通过两个例子介绍如何使用 Prolog 写实用的程序。首先，我们会把第一章中介绍的皮亚诺算术拿出来，并使用 Prolog 实现它。然后，我们将以现代软件中广泛使用的排序算法为例，介绍它在 Prolog 语言里是什么样子。

Prolog 语言中的皮亚诺算术

回忆一下，皮亚诺算术是一个定义自然数的形式化公理化方法。它先定义 0，然后通过使用一个后继操作定义了所有的其他自然数。通过利用数字之间的后继关系，皮亚诺算术做了很好的结构化定义。

可以使用 Prolog 实现自然数，并使用皮亚诺算术公理定义它们的算术运算。事实上，Prolog 使得这个过程非常直接！Prolog 有一个非常简单的构造数据结构的机制，我们后面将用到它。在 Prolog 里，任何带参数的小写标识符都是一个数据构造器。我们将使用 z 代表 0，然后创建一个数据构造器 s，代表 n 的后继。数据构造器不是函数。它不对其参数做任何事情，除了包含它们外。如果你对 C++这样的编程语言熟悉的话，可以把数据构造器近似地看成一个结构 S“public NaturalNumber {NaturalNumber * n;};”，除了不需要事先声明这个结构。所以当你看到 s(n) 时，可以把 s 当作一个数据类型，而把 s(n) 当作 new s(n)。如果 z 是 0，那么 s(z) 是 1，s(s(z)) 是 2，以此类推。

logic/number.pl
```
nat(z).
nat(X) :-
  successor(Y, X), nat(Y).
successor(s(A), A).
```

现在，可以在皮亚诺自然数的基础上定义算术运算了。先从加法开始：

logic/number.pl
```
natadd(A, z, A).
natadd(A, s(B), s(C)) :-
  natadd(A, B, C).
```

第一部分 natadd(A,z,A) 的意思是 0 与任何数字 A 相加的结果是 A。第二部分的意思是如果 C 是 A 与 B 的和，s(C)（C 的后继）是 A 与 s(B) 的和。

我们简单实验一下。

```
⇒  natadd(s(s(s(z))), s(s(z)), S).
❮ S = s(s(s(s(s(z)))))
```

这是正确的：3+2=5。理解它后，我们就可以继续介绍这条语句的其他使用方式了。

不像大多数编程语言，在 Prolog 中，不用区分参数和返回值：Prolog 里的语句可以接受任何无约束的变量，并且试图寻找变量的值使得语句为真。可以调用像 natadd 这样的语句，生成所有不同约束和无约束的参数的组合。

```
⇒   natadd(s(s(z)), P, S).
❮ P = z,
  S = s(s(z)) ;
  P = s(z),
  S = s(s(s(z))) ;
  P = s(s(z)),
  S = s(s(s(s(z)))) ;
  P = s(s(s(z))),
  S = s(s(s(s(s(z))))) ;
  P = s(s(s(s(z)))),
  S = s(s(s(s(s(s(z)))))) ;
  P = s(s(s(s(s(z))))),
  S = s(s(s(s(s(s(s(z))))))) ;
  P = s(s(s(s(s(s(z)))))),
  S = s(s(s(s(s(s(s(s(z))))))))
```

事实上，我问了 Prolog 解释器一个问题：“P+2=S 成立时，

P和S的值是什么?”然后Prolog给了我一系列可能答案，直到我打断它。我也可以问它哪些数字加起来等于一个给定数字。

```
⇒ natadd(A, B, s(s(s(s(z))))).
❮ A = s(s(s(s(z)))),
  B = z ;
  A = s(s(s(z))),
  B = s(z) ;
  A = B, B = s(s(z)) ;
  A = s(z),
  B = s(s(s(z))) ;


  A = z,
  B = s(s(s(s(z)))) ;
  false.
```

可以使用和加法相同的模式实现乘法。

logic/number.pl

```
product(z, B, z).
product(s(z), B, B).
product(s(A), B, Product) :-
   natadd(B, SubProduct, Product),
   product(A, B, SubProduct).
```

乘法只是重复的加法。它和加法建立的方式是一样的，但是乘法不是不断地调用后继，而是调用加法。由于参数运作的方式，我们实现的乘法也是除法！如果使用第三个参数无约束的形式调用它，那么它是一个乘法：product(s(s(z)), s(s(s(z))), P)，P将会是2乘以3。如果使用第一个或者第二个参数无约束的形式调用它，那么它就是一个除法：product(s(s(z)), D, s(s(s(s(s(s(z))))))，D将会是6除以2。

显而易见，我们不能使用这种方式写实际的算术运算。这样做算术是一种效率极其低下的方式。但是它不是一个无意义的例子：这种将计算分解为语句，然后使用迭代表示计算的通用方式，和你实现真实程序的方式是完全一样的。

Prolog 中的快速排序

皮亚诺数字是精致的，但是却不实用。没有人会用皮亚诺数字写真的程序。它对于理解如何定义非常重要，而且写这种程序也非常有趣，但是它并不实用。

因此，现在我们将研究一个真正的计算。它是最常见、最基础的算法之一，而且被广为使用，它就是快速排序。如果一个语言不能实现快速排序，是很难用它去写一个真正的程序的！同时，如果你对于逻辑编程还不熟悉，也很难理解像快速排序这样的算法是怎么通过逻辑推理实现的。

我们将解决这个小小的困境，介绍 Prolog 中如何实现快速排序，学习如何使用逻辑来描述算法，以及如何使用推理来实现它。

快速排序回顾

首先回顾一下，以防你不知道快速排序是什么。快速排序是一个分治算法，目的是给一列数值排序。它的思想非常简单。现在有一列数值，为了简单起见，我们暂且认为它们都是数字。它们是无序的，我们希望把它们按照从小到大的顺序排列。怎么能快速完成呢？

快速排序算法首先从这列数字中选择一个数字，称为中心点。然后遍历这列数，收集比中心点小的数并放到一个桶里（称为 Smaller），收集比中心点大的数并放到另外一个桶里（称为 Bigger）。然后对这两个桶排序，并将排好序的 Smaller、中心点和排好序的 Bigger 拼接起来。这样就完成了排序任务。

例如，有一个小的数值列表：[4，2，7，8，3，1，5]。选择这个列表里第一个元素作为中心点，所以 Pivot = 4，Smaller=[2，3，1]，Bigger=[7，8，5]。然后排序这两个桶，将得到排好序的 Smaller=[1，2，3]，Bigger=[5，7，8]。最后结果就是[1，2，3]+4+[5，7，8]。

合并列表：列表递归

我们来看看如何在 Prolog 里实现快速排序。我们将从最后一步开始：将列表合并在一起。事实上，这已经在 Prolog 的标准库中实现了，但是我们将自己实现它，因为对于介绍如何使用 Prolog 语言里的列表来说，它是一个很好的例子。

logic/sort.pl

```
/* Append(A, B, C) is true if C = A + B */
append([], Result, Result).
append([Head | Tail], Other, [Head | Subappend]) :-
    append(Tail, Other, Subappend).
```

append 描述了合并列表意味着什么。append(A，B，C) 是指列表 C 包含了列表 A 的元素，后面紧跟着列表 B 的元素。

在 Prolog 语言里，我们声明的方式是一个经典的递归定义。有两种情形：基本情形和递归情形。在基本情形下，我们说将一个空的列表合并到任何其他列表的结果就是那个列表本身。

递归情形就要复杂一点了。它并没有那么难，只是需要一点练习来学习怎么分解一个 Prolog 声明。但是一旦将它翻译成文字后，就变得很清晰了。它的意思是：

1. 假设有三个列表。

2. 第一个列表可以分割成第一个元素以及剩下的其他元素（称为尾部）两部分。同样，最后一个列表也可以分割成第一个元素以及剩下的其他元素两部分。

3. 最后一个列表是前面两个列表的合并，如果：

a. 第一个列表和第三个列表的第一个元素相同；

b. 第三个列表剩下的部分是第一个列表的尾部和第二个列表的合并。

这个实现的关键之处在于，我们从来没有说“为了将两个列表合并到一起，我们需要做这个那个，以及另外的事”，而只是从逻辑的角度描述一个列表是另外两个列表的合并是什么意思。

下面通过例子来说明，假设我们想合并［1，2，3］和［4，5，6］。

1. 第一个列表的第一个元素是 1，尾部是［2，3］。

2. 第三个列表是前面两个列表的合并，如果第三个列表的第一个元素和第一个列表的第一个元素一样。所以如果它是一个合并，必须从 1 开始。

3. 第三个列表的剩下部分是［2，3］和［4，5，6］的合并。

4. 所以如果第三个列表是这个合并，那么剩下的部分必须是［2，3，4，5，6］。

5. 因此为了使命题为真，第三个列表必须是［1，2，3，4，5，6］。

逻辑上的分组

针对快速排序，下一步是分组。为了排序，需要能够描述一个列表的分组是什么。我们将使用在合并中用过的相同的基本方法：不会给出一个如何实现的过程，而是给一个逻辑意义上的定义，定义它的意义，并且让推理过程将定义变成一个程序。

logic/sort.pl

```
/* partition(A, B, C, D) is true if C and D are lists
 * where A = C + [B] + D
 */
❶ partition(Pivot, [], [], []).
❷ partition(Pivot, [Head | Tail], [Head | Smaller], Bigger) :-
     Head @=< Pivot,
     partition(Pivot, Tail, Smaller, Bigger).

❸ partition(Pivot, [Head | Tail], Smaller, [Head | Bigger]) :-
     Head @> Pivot,
      partition(Pivot, Tail, Smaller, Bigger).
```

这是另外一个递归模式的例子，就像我们在合并语句中使用的一样。

❶从基本情形开始。如果要分组的列表是空的，那么它的两个分组（Smaller 分组和 Bigger 分组）一定也都是空的。

❷现在，我们到了有趣的地方。如果要分组的列表的 Head 比 Pivot 小，那么 Smaller 分组就必须包含 Head。这就是为什么这个语句声明中 Smaller 分组是从 Head 开始的。

这个列表的剩下部分是通过递归处理的。将 Tail 分组，并且声明 Bigger 分组必须是 Tail 比 Pivot 大的所有元素，而 Smaller 分组是 Tail 比 Pivot 小的所有元素并且包括Pivot。

❸这基本上和最后一个情形是一样的，除了 Head 比 Pivot 大。

排序

终于到了排序的语句。

logic/sort.pl

```
/* quicksort(A, B) is true if B contains the same elements as A
 * but in sorted order.
 */
quicksort([], []).
quicksort([Head|Tail], Sorted) :-
  partition(Head, Tail, Smaller, Bigger),
  quicksort(Smaller, SmallerSorted),
  quicksort(Bigger, BiggerSorted),
  append(SmallerSorted, [Head | BiggerSorted], Sorted).
```

由于我们已经处理了分组和合并，排序就非常简单了。

列表排序是将输入变成排序形式（[Head | Tail]），如果分组得到 Head 和 Tail，分别对这两个子列表排序，然后将它们合并起来，结果就排好序了。

希望你已经认识到逻辑推理极其强大。逻辑的能力不只是局限于家族关系这样的简单教科书例子！事实上，像我们实现的快速排序一样，任何其他语言在任何计算机上可以实现的计算，都能使用纯粹的逻辑推理实现。

如果你有兴趣进一步学习逻辑编程，推荐给你两本非常好的书。可以从 William Clocksin 与 Christopher Mellish 合著的《Programming in Prolog：Using the ISO Standard》[CM03] 中进一步学习 Prolog 语言。如果想进一步学习使用 Prolog 进行逻辑编程，可以阅读 Richard O'Keefe 的《The Craft of Prolog》[O'K09]。

第15章

Good Math

时序推理

到现在为止，我们介绍的一阶谓词逻辑真的很强大。在它的框架里，可以做成千上万种事情。事实上，就像我们在 Prolog 里面看到的一样，能使用计算机做到的事情，就可以使用一阶谓词逻辑做到。

但是有某些类型的推理，标准的谓词逻辑真的很不在行，例如，关于时间的推理。在谓词逻辑里，如果某件事情是真的，那么它就永远是真的。逻辑语句没有时间的概念，没有办法描述连续发生的事情。谓词逻辑中无法说“我现在不饿，但是我将来会饿”。

例如，2010 年我在 Google（谷歌）工作，现在我在 Foursquare 工作。如果想刻画它，不能只是使用一个谓词 WorksFor(Mark，Google)，因为它现在并不为真；也不能说 WorksFor(Mark，Foursquare)，因为两年前它也不为真。一阶谓词逻辑里的谓词总是真的，不是现在，而是包括了过去和未来。

当然，如果你很聪明，总能找到一个方式克服限制。可以使用标准的谓词逻辑来解决随时间变化的问题。一个方法是对每个谓词添加一个时间参数，然后用 WorksFor(Mark，Foursquare，2012）代替 WorksFor(Mark，Foursquare)。但是这样的话，对于谓词逻辑中所有典型的非时序语句，都需要添加全称陈述：$\forall t$：Person(Mark，t)。它很快就会变得非常麻烦，甚至更糟糕的是，它使得逻辑推理变得非常笨拙。

谓词逻辑还有另外一个问题：有很多想使用的时序语句，因为它们特殊的时序结构，无法使用一阶谓词逻辑来表达。我很想能够说“最终我会觉得饿”，或者“我会觉得累，除非我睡一会儿”这样的事情。这就是两种典型的时序论断。它们有着共同的形式，而且如果能够在逻辑推理中使用，它将会是非常有用的。但是在一阶谓词逻辑中，即使已经给每个语句添加了时间参数，依然还是很难定义最终这样的内容。

为了不必重复一系列烦琐的语句，说像最终这样的内容，我们需要能够写一个用谓词作为参数的谓词。而这个定义就是二阶逻辑。一阶逻辑切换到二阶逻辑使得问题复杂了很多，而这并不是我们想看到的。

既然谓词逻辑对于推理时间相关的东西如此麻烦，那么怎么办？建立一个新的逻辑。这听起来可能有点蠢，但它是我们在数学中经常做的事情。考虑到逻辑是一个非常简单的形式系统，而且不管什么时候想要定义新的逻辑都可以做到，因此，我们将直接建立一个新的逻辑——时序逻辑，它可以使推理随着时间变化的论证变得简单。

15.1 随时间变化的命题

时序推理真的很有用。为了能够描述时间，逻辑学家已经设计了很多不同的时序逻辑，包括 CTL、ATL、CTL* 以及 LTL

等。下面介绍我最熟悉的一个——计算树逻辑（Computation Tree Logic，CTL）。CTL 被设计用来进行计算机硬件中的低层计算，具体来说，就是能够修改持久化状态的操作，比如硬件标识符。CTL 是一个非常简单的逻辑，当你看到它的时候，可能觉得有点不可思议。但是它真的不简单，CTL 被广泛用于现实生活的实际应用中。

CTL 可能很简单，但它是你能在逻辑中描述时间的方法的典型例子。这种逻辑的语义或者含义是基于一个叫作 Kripke 语义的思想，Kripke 语义被广泛用于需要描述时间的很多不同类型的逻辑中。本章将介绍时序逻辑模型背后的基本思想，如果你想知道更多关于 Kripke 语义的思想，可以关注我的博客，在我的博客中，我写了一个连载介绍直觉主义逻辑[⊖]。

关于 CTL，先介绍一种极其简单的逻辑，称为命题逻辑。命题逻辑本质上是一阶谓词逻辑，只是谓词没有参数。在一个命题逻辑里，可以说“Mark 有个大鼻子”“Jimmy Dueante 有个大鼻子”这样的命题，但它们是完全不同、不相关的命题。在一个命题逻辑里，有一个有限的特定陈述集合，并且它们就是全部。没有变量，没有量词，没有参数。(CTL 有一些谓词扩展，但是它们使得时序逻辑变得非常复杂，所以我们将仅限于简单的基本命题版本。）可以使用标准的命题逻辑操作符与、或、蕴含和否定，将命题进行组合。

它开始变得有趣的地方是，我们也有一个时序量词来刻画命题陈述的时间性质。在 CTL 里，每条语句至少有两个时序量词。

⊖ http://scientopia.org/blogs/goodmath/2007/03/kripke-semantics-and-models-for-intuitionistic-logic。

在介绍它们的细节之前，我们先介绍一下 CTL 里时间的基本模型。

就像前面所说的一样，CTL 模型的思想是基于 Kripke 语义的。Kripke 语义通过使用一些称为世界的集合定义了一个变化系统。逻辑里的命题需要绑定一个特定的世界才能为真。时间是一个变化的序列，它从一个瞬间的世界变化成另外一个瞬间的世界。在 CTL 的 Kripke 语义中，我们不能说 P 是真的，只能说 P 在某个特定世界下是真的。

每个世界定义了每个基本命题为真的赋值。从每个世界开始，有一个可能的后继世界集合。随着时间的推移，你跟着一个路径穿过世界。在 CTL 里，一个世界代表了时间的一个瞬间，赋值的任务定义了在这个瞬间什么是真的，然后这个世界的后继代表了时间上紧随它的可能瞬间。

CTL 里的 Kripke 语义有效地给了我们一种非确定性的时间模型。从给定的一个瞬间，可能有多个未来，而且我们没有办法确定哪个未来会是真的，直到时间到来。时间变成了一棵可能的树：从一个瞬间，可以去它的任何后继，每个瞬间为它的每个后继都会形成一个分支，而这棵树上的每条路径都代表了一个将来可能的时间轴。

在代表了可能未来的树的模型里，CTL 给了我们两种不同的方式讨论时间；为了完成一个有意义的时间命题，我们需要将它们组合起来。

首先，如果从一个特定瞬间看时间的话，到未来的路径是一个集合，因此，可以谈论去到可能未来的空间。可以使用“在所有可能的未来……”或者“在某些可能的未来……”这样开头的命题。

其次，可以谈论沿着一个特定的路径走向未来的步骤，也就是到一个特定未来的世界序列。关于路径，可以说“……将最终成真”这样的命题。通过将它们放在一起，可以得到有意义的时序命题：“在所有可能的将来，X 将永远是真的”或者“在至少一种可能的将来，X 将最终成真”。

每一个 CTL 命题使用两个时序量词说明时间：一个是全称量词，一个是路径量词。

全称量词用来构造从某个特定瞬间开始的、覆盖所有路径的命题。路径量词用来构造某条时间轴路径上的所有瞬间的命题。就像之前所说的，在 CTL 命题里，量词总是成对出现的：一个全称量词用来刻画你正在讨论的可能未来的集合，而一个路径量词用来刻画这些集合中的路径的性质。

有两个全称量词，它们分别对应了谓词逻辑中的全称量词和存在量词。

- A 是**所有全称量词**。它用来声明某个命题在**所有可能的未来**都为真。不管你观察的是哪条路径，如果跟踪了足够多的转移，那么 A 量词后面的陈述终将会变成真。
- E 是一个**存在全称量词**。它用来声明从当前瞬间开始，至少存在某个可能的未来，这个命题为真。

接下来是路径量词。路径量词和全称量词很相似，它们不是涵盖时间轴路径的某个集合，而只是某个特定的时间轴路径。共有 5 个路径量词，它们可以分成三组。

- X（**下一步**）是最简单的路径量词，也称为即刻量词，用来表示命题中路径上**每个下一步**的瞬间-世界。
- G（**全局**）是**全称路径量词**，也称为**全局量词**，用来描述路径上的所有世界-瞬间的事实。被 G 量化的事物在当前瞬间为真，而且在当前路径上的所有瞬间都为真。

- F（**最后**）是**最终路径量词**，用来描述沿着一条特定的时间轴路径上的至少一个世界-瞬间的事实。如果路径被 F 量词描述，那么这个命题将会在 F 上的某个世界变成真。

最后，还有一些时序关系量词。这些并不是传统意义上的量词。大多数情况下，量词在命题前面，要么引入变量，要么修改后面语句的含义。时序关系量词实际上是将命题以一种方式连接起来，以此来定义一种时序关系。有两种关系量词：强直到和弱直到。

- U（**强直到**）是**强直到量词**。有一个命题 $a\mathrm{U}b$，它的意思是说 a 现在是真，**最终**它会变成假，并且当它不再真时，b 就会变成真。
- W（**弱直到**）是**弱直到量词**，它几乎和 U 一模一样。$a\mathrm{W}b$ 也是说 a 是真的，并且当它变成假的时候，b 也一定是真的。它们的区别在于：$a\mathrm{U}b$ 中的 b 一定会变成真的，而 $a\mathrm{W}b$ 中的 a 可能一直是真的，所以如果这件事情发生的话，b 就永远不能变成真的了。

看到了上面的介绍，很难知晓所有这些量词是怎么一起工作的。下面给出一些 CTL 命题例子，然后解释它们的含义。

例：CTL 命题

- AG.（**Mark 有一个大鼻子**）：不管什么事情发生，也不管什么时候，Mark 总是会有一个大鼻子。就像我的孩子喜欢指出的一样，这是不能回避、必然的事情。

- EF.（Joe **失去他的工作**）：在某个未来，Joe 有可能被炒鱿鱼。（正式来说，就是存在某条可能的时间轴，命题“Joe 失去他的工作”最终会变成真的。）
- A.（Jane **的工作做得很出色**）W（Jane **应该被炒鱿鱼**）：对于所有可能的未来，Jane 的工作都做得很出色，直到某个时刻，她不再工作出色了，并且当她工作不再出色的时候，她应该被炒鱿鱼。但是这里使用的是**弱直到**，因此很清晰地包括了一种可能性，即 Jane 会一直很出色地做好她的工作，那么她就永远不会被炒鱿鱼。
- A.（Mitch **还活着**）U（Mitch **去世了**）：不管什么事情发生了，Mitch 都是活着的，直到他去世。而他最终将去世是绝对没有办法避免的。
- AG.（EF.（**我生病了**））：总是有可能我最终会生病。
- AG.（EF.（**房子被刷成了蓝色**）∨AG.（**房子被刷成了褐色**））：在所有可能的未来，要么房子会被刷成蓝色，要么房子会始终保持褐色。除了蓝色和褐色，不会有其他的颜色。

15.2 CTL 擅长什么

尽管 CTL 很简单，但是它实际上非常有用。那么，它擅长什么呢？

CTL 的主要用处之一是模型检查（这里并不介绍细节，因为可以很容易在教科书里找到它）。如果你想了解更多使用 CTL 做模型检查的知识，推荐阅读 Clarke 的教科书［CGP99］。模型检查是被硬件和软件工程师使用的一门技术，用来检查系统的某些时序方面的正确性。他们使用CTL写一个系统的说明，然后使用自动化工具实现硬件或者软件组件，并与说明作比较。然后系统就能够验证是否达到期望的要求，如果不是，它能够提供一个反例证明它会出错。

在硬件模型检查中，你已经有了硬件的一个简单组件，比如微处理器的一个功能单元。那个硬件基本上是一个复杂的有限状态机。你可以认为它有一个点集，点是0或者1，每个点可以用一个CTL命题表示。那么你能根据从输入如何得到输出来描述一些操作。

例如，观察一个实现了除法的功能单元，命题之一将是"除以0标识设置"。那么你的说明将会包含一个命题"AG.（分母是0)⇒AF.（除以0标识)"。这个命题是说，如果分母是0，那么除以0标识就会被设置。它并没有说会保持多久：它可以是你硬件里的一个时钟周期，也可以是100。但是因为我们在乎的行为，命题应该是真的，而不管这个除法的细节是如何被实现的。我们并不想指定需要多少步——这个命题可能有很多不同的实现，而且它们有不同的时间精确度（想一想20世纪90年代的英特尔Pentium和2012年的英特尔Core i7，它们实现了相同的数学指令，但是硬件却非常不一样)。重要的行为是，如果你试图去除以0，相应的标识位会被设置。

实际的硬件实现比这个例子更加复杂，但是它却给了我们一些感性认识。这是一个真实的、常见的CTL应用：我现在正在使用的计算机处理器就是CTL的模型。

它也在软件里被使用。几年前，我还在IBM工作的时候，我有一个朋友，他在对软件做模型检查方面做了一些非常了不起的工作。很多人看了后，都认为他的工作非常具有吸引力，因为可以自动地验证软件的正确性。但是，对于大多数软件，模型检查并没有在实际中发挥作用，写说明非常困难，而且检查一个典型程序的状态也是一场噩梦！我朋友发现了软件里有一个地方进行模型检查是完美的！现在的计算系统总是在使用并行计算和多线程，而且其中最难的事情就是保证所有的线程很好地同步。并行需要的同步行为是非常简单的，它几乎可以使用像 CTL 这样的语言来完美地描述，所以他实现了一个利用模型检查来验证软件系统里同步行为正确与否的方法。

这就是 CTL 的基础知识，CTL 是一个极其简单却又极其有用的逻辑，用来刻画基于时间的行为。

第五部分

集　合

集合论和一阶谓词逻辑几乎是所有现代数学的基础。你并不一定需要集合论，因为可以通过很多不同的基础理论来建立数学方法。但是，目前主流的方法是通过一阶谓词逻辑和公理化集合论的组合来建立的。集合论给我们提供推理的对象，一阶谓词逻辑给我们提供推理的能力。它们组合起来给我们提供数学方法。

有很多对象可以用来建立数学方法。我们可以从数字、函数或者由点组成的平面来建立数学方法。但是现代数学通常开始于集合论，且不可替代。集合论起源于一些很简单的概念，然后通过一种简单合理的方式扩展成一套非常复杂的理论。真正惊人的是集合论的竞争对手都没有集合论这么简单、直观。这一部分我们将讲述什么是集合论、它从哪里来、它是怎么被定义的，以及怎么使用它来建立其他类型的数学方法。

我们首先在数学家康托尔（Georg Cantor）的工作中寻找集合论的起源。康托尔提出了一个令人惊奇和违反常理的数学结论，这个结论证明了集合论的伟大。从一些看起来非常简单但又非常有用的理论开始，你也许会得到下一个深刻的结果。

第16章

Good Math

康托尔对角化：无穷不仅是无穷

集合论在现代数学中是不可缺少的。数学是用集合作为最原始的积木来教授的。从幼儿园开始，孩子们在接触数学思想时就开始利用集合。因为我们已经理所当然地接受了它，所以认为以集合论为基础是正常的。但是事实上，当集合论被创建的时候，它的目的并不是要作为数学的基础，而是作为一个研究无穷的工具。

19 世纪，杰出的德国数学家康托尔（Georg Cantor，1845—1918）建立了集合论。康托尔的兴趣是研究无穷问题，特别是尝试去理解无穷大事物之间如何比较。无穷数可以被乘吗？如果可能，那它们的不同大小有什么意义？集合论就是为了回答这些问题而设计出来的。

答案来自康托尔最著名的结果——康托尔对角化，它表明无穷至少有两种不同的大小：一种是自然数集的大小，另一种是实数集的大小。本章将介绍康托尔如何定义集合论，以及如何使用它来证明。在这之前，我们先介绍什么是集合论。

16.1　朴素的集合

康托尔最先提出的就是现在大家熟知的朴素集合论。在本章中，我们首先从康托尔定义的朴素集合论来说明集合论的基础。朴素集合论很容易理解，但在 16.3 节可以看到，它存在一些问题。我们将在下一章介绍如何解决这些问题，现在我们继续介绍简单的东西。

集合是一组事物。它的功能非常有限，你只能做一件事情，就是询问一个对象是否在集合中。你不知道集合里面的第一个对象是哪个，甚至不能列举出集合中的所有对象，唯一能确保的是询问一个特定的对象是否在其中。

集合的正式含义是简单而优雅的：如果一个对象是集合 S 的成员，则存在一个谓词 P_S，对象 o 是集合 S 的成员（记为 $o \in S$），当且仅当 $P_S(o)$ 为真。从另一方面讲，集合 S 是一组事物，它们都具有某个相同性质，而这个性质就是集合的定义属性。当你探究这个性质的含义时，可以想办法使用另一种方法来解释，也就是寻找一个谓词。举个例子，当我们谈论自然数的集合时，谓词 $\text{IsNaturalNumbers}(n)$ 定义了集合。

从第一个定义来看，集合论和一阶谓词逻辑（FOPL）紧密地交织在一起。通常，两者可以形成一个封闭式系统：集合为逻辑提供了对象；而逻辑为集合及其对象提供了工具。集合论能成为数学的重要基础的一个很大原因是：它是我们创建一个语义上有意义的完整逻辑时能利用的最简单事物之一。

现在我们快速回顾一下 FOPL 的基本符号和概念，如果想要了解更多的细节，可以回去看第四部分。

在一阶谓词逻辑里，我们谈论两类事物：谓词和对象。对象是我们使用逻辑来推理的事物；谓词是我们用来做逻辑推理的工具。

谓词是一种表示对象或对象属性的陈述。用大写字母或者大写字母开头的词语（A，B，Married）来表示谓词，对象写在括号内。每个谓词后紧接着一系列由逗号分隔的对象（或者表示对象的变量）。

一个非常重要的限制是谓词不是对象。这也是我们称之为一阶谓词逻辑的原因：不能用一个谓词对另一个谓词做声明。所以不能说出类似 Transitive(GreaterThan) 的东西：这是一个二阶命题，不能用一阶谓词逻辑表达。

可以使用与（写为 $\wedge$）和或（写为 $\vee$）来组合逻辑命题。给命题加上前缀符号非（写为 $\neg$）表示否定命题。给命题定义两个逻辑量词：用符号 $\forall$ 表示所有可能的值，用符号 $\exists$ 表示至少存在一个值。

在小学学习集合的时候，你可能学到另外一组看起来很原始的运算。事实上，这些运算并不原始：定义朴素集合论需要的所有知识就是上面的定义。其他所有的运算都可以用 FOPL 和集合成员来定义。我们将探究这些基本的集合运算，以及如何定义它们。

集合论基础给我们提供了少量的简单东西，我们可以用它们来谈论集合及其成员。同时，它们也为 FOPL 提供了一些基础的原始陈述。

子集

$$S \subseteq T$$

S 是 T 的子集，就是说集合 S 的所有成员也是集合 T 的成员。子集的确只是集合论版的蕴含：如果集合 S 是集合 T 的子集，那么逻辑上 $S \Rightarrow T$。

例如，集合 N 是自然数集合，集合 N_2 是偶数集合，可以用谓词 IsNatural(n) 和 IsEvenNatural(n) 来定义这两个集合。当说 N_2 是 N 的子集时，意味着 $\forall$ x：IsEvenNatural(x)⇒IsNatural(x)。

并集

$$A \cup B$$

并集合并两个集合：并集的成员是两个集合的所有成员。形式化的记法是：

$$x \in (A \cup B) \lneqq x \in A \vee x \in B$$

形式化定义告诉我们并集的逻辑形式：并集是两个谓词的逻辑或。

例如，一个偶数集合和一个奇数集合的并集是满足是奇数或是偶数的对象的集合：对于对象 x，如果满足 IsEvenNatural(x) 或者 IsOddNatural(x)，那么 x 在并集（EvenNatural$\cup$OddNatural）中。

交集

$$A \cap B$$

两个集合的交集是同时存在于两个集合中的对象的集合。形式化表示为：

$$x \in A \cap B \lneqq x \in A \wedge x \in B$$

从定义中可以看到，交集等价于逻辑与。

例如，EvenNatural$\cap$OddNatural 表示满足 EvenNatural(x) $\wedge$ OddNatural(x) 的成员 x 的集合。因为不存在一个数字既是奇数又是偶数，所以它们的交集是空的。

笛卡儿积

$$A \times B$$

$$(x,y) \in A \times B \lneqq x \in A \wedge y \in B$$

最后，笛卡儿积是最基础的集合运算之一。这个运算看起来有点怪异，但是确实十分重要。它有两个用途：第一，从实践的角度讲，它是一种创建有序对的操作，是我们想用集合去创建一切的基础。从纯理论的角度讲，它是一种集合论的超过一个参数的谓词概念的表示方式。两个集合 S 和 T 的笛卡儿积是对（pair）的集合，其中每个对由分别来自两个集合的元素组成。

例如，在第 12 章中，我们定义了一个谓词 Parent(x，y)，用来表示 x 是 y 的父母。从集合的角度看，Parent 是成对人的集合。所以 Parent 是一个子集，其值是人的集合与它自身的笛卡儿积。(Mark，Rebecca)$\in$Parent，且 Parent 是集合 Parent$\times$Parent 的一个谓词。

集合论的真正核心是：集合成员与谓词逻辑的联系。它几乎令人难以置信地简单，这也是数学家认为它如此迷人的原因。很难想象你能从这些简单的东西开始学习集合。

现在你应该明白了集合的基本概念是多么简单，我们继续讨论，并且通过康托尔对角化了解这些简单的概念如何变得博大精深。

16.2 康托尔对角化

在这个最终发展成集合论的想法背后的原始动机是康托尔认识到自然数集和实数集大小不同。它们都是无限的，但是却不相同。

康托尔原始的想法是对数字的细节进行抽象。通常我们思考数字的时候，认为数字是那些能够进行算术运算的东西，是那些我们能通过各种方式进行比较和运算的东西。康托尔认为，为了了解到底有多少数字，这些属性和操作都不需要。唯一需要考虑的是类似自然数的这类数字是一组对象的组合。所有相关的对象是组合的一部分。他称其为集合。

利用集合，他发明了一种不需要计算的新方式来定义度量。他说如果两个集合的元素间存在一一映射，那么这两个集合大小一样。如果在一个集合不存在剩余元素的情况下，两个集合间不存在一一映射，那么存在多余元素的集合是两个集合中较大的。

例如，考虑集合 {1，2，3} 和 {4，5，6}，在两个集合间可以建立多种不同的一一映射关系：{1⇒4，2⇒5，3⇒6} 或者 {1⇒5，2⇒6，3⇒4}。这两个集合大小相同，因为它们之间存在一一映射。

再如，可以考虑集合 {1，2，3，4} 和 {a，b，c}。在第一个集合不存在剩余元素的情况下，找不到任何一种方式在它们间建立一一映射。所以，第一个集合比第二个集合大。

对小的、有限的集合来说，这很迷人，但是不深奥。在有限集合间建立一一映射是生硬的，通常会采用相同的方式计算每个集合的元素个数，然后比较它们的数字。利用映射来比较集合大小的康托尔方法，有意思的是可以比较无限集合的大小，这些集合不能计数。

例如，我们观察自然数集合（N）和偶数集合（N_2）。它们都是无限集合。那么它们大小相同吗？直觉上，人们对哪一个比较大有两种不同的答案。

1. 一部分人说它们都是无限的，因此，这两个集合大小应该一样。

2. 另一部分人说偶数集合的大小应该是自然数集合的一半，

因为自然数集合还包含另外的自然数。因为偶数是跳跃的，留下了一些元素，所以它要小。

哪个答案正确？根据康托尔的说法，这两种答案都不正确。另外，第二个答案完全错误，第一个答案正确但是理由不正确。

康托尔指出可以在这两个集合间建立一一映射：

$$\{(x \gg y):x,y \in N,y = 2 \times x\}$$

由于它们间存在一一映射，意味着它们的大小相同。它们大小不同是因为它们都是无限的，它们大小相同是因为自然数集合的元素和偶自然数集合的元素之间存在一一映射。这表明一些无限集合的大小一样。但是否存在大小不一样的无限集合呢？康托尔有个著名的结论回答了这个问题。

康托尔证明了实数集合比自然数集合大。这是个令人吃惊的结论，也是存在争论的问题，因为它看起来是错误的。如果一个集合是无限大的，那它怎么可能会比另一个集合要小？直到今天，距离康托尔第一次发布结论大概 150 年，这个结论仍然是很多争论的根源（见参考文献《this famous summary》[Hod98]）。康托尔的证明显示，在不遗漏部分实数的前提下，无论你采用什么方法，在自然数集合和实数集合间都找不到一一映射，所以，实数集合的大小比自然数集合大。

康托尔展示了每个从自然数到实数的映射一定会遗漏至少一个实数。他采用了一种称为构造性证明的方法。这个证明中有一步叫对角化，给出一个自然数集合和实数集合的一一映射，然后生成一个该映射遗漏的实数。它与你用的映射无关：对于任何一个一一映射，它都能生成一个不在映射里的实数。

我们将展示这个过程。事实上，我们将展示的东西甚至比康托尔最先做的更强大。我们将说明在 0 和 1 间存在的实数远比自然数多。

康托尔的证明是一个基础的反证法。首先声明“假设在 0 和 1 间的自然数和实数之间存在一个一一映射”。然后显示如何使用这个假设的映射，生成一个被这个映射遗漏的实数。

例： 证明在 0 和 1 间的实数比自然数多。

1. 假设我们能在 0 和 1 间的实数与自然数之间建立一一对应关系。这意味着存在一个从自然数到实数的完全一一映射函数 R。然后我们可以创建一个包含所有实数的完全列表：$R(0)$，$R(1)$，$R(2)$，…。

2. 如果可以这样做，我们同样也能为数字创建另外一个函数 D，这里 $D(x, y)$ 返回 $R(x)$ 的十进制小数的第 y 位。我们创建的 D 等效于一个表格，其中每行是一个实数，每列是一个实数的十进制展开式中的各位数字。$D(x, 3)$ 是 x 的十进制扩展中的第三位。

例如，如果 $x=3/8$，那么 x 的十进制展开式为 0.125，则 $D(3/8, 1)=1$，$D(3/8, 2)=2$，$D(3/8, 3)=5$，…。

3. 现在开始精彩的部分。得到一个关于 D 的表格，然后开始沿着表格的对角线行走。我们将观察 $D(1, 1)$，$D(2, 2)$，$D(3, 3)$，以此类推。沿着对角线，记录下数字。如果 $D(i, i)$ 为 1，就写下 6；如果是 2，就写下 7；如果是 3，就写下 8；$4\Rightarrow 9$；$5\Rightarrow 0$；$6\Rightarrow 1$；$7\Rightarrow 2$；$8\Rightarrow 3$；$9\Rightarrow 4$；$0\Rightarrow 5$。

4. 我们得到的结果是一列数字，这就是一个数字的十进制展开。称这个数字为 T。D 中的每行里，T 至少存在一位数字不相同——对第 i 行，T 在第 i 位上不相同。不存在 x 满足 $R(x)=T$。

但很明显 T 是 0 和 1 间的实数：这个映射对 T 不成立。并且之前我们没有指定映射的结构，只是假设存在一个映射，这意味着不可能存在一个映射。这个构造通常作为一个反例来说明映射不完全。

5. 因此，在 0 和 1 之间的所有实数集绝对比自然数集要大。

这就是康托尔对角化，这个争论把集合论推向了全世界。

16.3 不要保持简单和直接

在工程师间有一个原则，称为 KISS 原则。KISS 代表“保持简单、直接”。这个观点是说当你在建造有用的东西时，应该尽可能让它变得简单。一个东西具有的活动部件越多，复杂的拐角越多，犯错误的可能性就越大。

从这个观点看，朴素集合论很伟大。它是如此简单。这就是朴素集合论的全部基础，看起来不再需要其他的东西。

不幸的是，在实践中集合论需要更复杂点。在下一章中，我们将介绍公理化的集合论，它比我们在这里做的要复杂得多。为什么我们不继续坚持 KISS 方法，使用朴素集合论跳过惊险的东西?

一个令人沮丧的答案是，朴素集合论不能发挥作用。

在朴素集合论里，任意谓词都是定义集合。有一组要推理的数学对象，从中可以形成集合。集合本身也是我们推理出来的东西。我们已经定义出一些东西，如子集合，子集合是集合之间的一种关系。

通过推理集合的性质、集合之间的关系，可以定义集合的集合。事实上，集合的集合是我们用集合论处理事情的核心。在后面，我们会看到康托尔提出一种对数字建模的方法，就是把每个数字看作一种特定类型的结构化集合。

如果我们能够定义集合的集合，那么使用同样的机制，我们能创建无限大的集合的集合，就像“无限基数集的集合”，也称为无限集的集合。这里集合的数量是多少？显然是无限的。为什么？这里是简要说明：自然数集合是无限集，从自然数集合中移除数字 1 后的集合仍然是一个无限集。所以现在就有两个无限集：自然数集和没有 1 的自然数集。可以对每个自然数做同样的操作，得到无限个无限集，所以无限基数集的集合显而易见是无限的。因此，它是自己的成员。

如果我们能定义包含自身的集合，那么能写出一个自包含的谓词，且最终定义出类似所有集合的集合，它们包含自己。这就是开始出现麻烦的地方：找到一个集合，然后检查它，它是否包含自己？事实证明存在两个集合满足这个谓词：一种是包含自己的集合并且包含它本身，另一种是所有包含自己的集合但不包含它本身。

一个适当的、正式的、明确的 FOPL 声明在用来定义集合时得出一个模糊的结果。这不是致命的，但这是一个迹象，表示对于我们所关注的内容，有些有趣的事情正在发生。

但是现在，我们使用技巧。如果能够定义包含自己的所有集合的集合，那么也可以定义不包含自己的所有集合的集合。

而这个问题的核心称为*罗素悖论*（Russell's Paradox）。不包含自己的所有集合的集合，是否包含本身？

假设说是。根据其定义，它不能是自己的一个成员。

假设说否。根据其定义，它必须是自己的一个成员。

我们被困住了。无论做什么，都得到一个矛盾。在数学里，这是无解的。允许推导出一个矛盾的形式化系统是完全无用的。出现了类似允许推导出一个矛盾的错误，意味着我们在这个系统里的每个发现和证明都是没有价值的。如果系统里存在一个矛盾，那么任何一个命题——不管是真或假，在这个系统里都是可证明的。

不幸的是，这是深深根植于朴素集合论的结构。朴素集合论认为，任何谓词都定义了一个集合，但是我们可以定义谓词，却没有有效的模型，因此没有与谓词匹配的集合。由于允许这种不一致，朴素集合论本身是不一致的，所以朴素集合论需要被丢弃。挽救集合论要做的就是建立一个更好的基础理论。这个基础理论应该允许我们做朴素集合论里所做的所有简单的东西，但是不允许出现矛盾。在下一章，我们将介绍其中的一个版本——Zermelo-Frankel 集合论，它通过一系列强大的公理来定义集合论，在让集合论变得有价值和美丽的同时，也避免了出现这些问题。

第17章

Good Math

公理化集合论：取其精华，去其糟粕

在上一章，我们学习了朴素集合论的基本原理以及康托尔定义它的方式。起初朴素集合论看起来很精彩，因为它是简单和深刻的结合。不幸的是，这种简单性需付出巨大代价：它允许你创建逻辑上前后不一致的自包含集合。

令人高兴的是，20 世纪早期的伟大数学家不愿意放弃集合论。在数学历史里，对于数学家为维护集合论所付出的努力，著名数学家大卫·希尔伯特（David Hilbert，1862—1943）做了最好的总结："没有人能把我们从康托尔创建的天堂里赶出来。"正是有这种付出精神，数学家用另一种方式确立了集合论的基础理论，新方式尽可能地保留了集合论的优雅和强大，同时消除了矛盾。结果就是**公理化集合论**。

公理化集合论利用一组基本的原始规则建立集合论，这些原始规则称为**公理**。下面我们将看到一组公理，利用它们推出集合论的一致形式。有多种公理化方法表示集合论，会得到大致相同的结果。我们将介绍最常见的版本，称为 **Zermelo-Frankel 选择集合论**，通常简称为 ZFC。ZFC 公理由 10 个公理组成，特别是最后一个叫作**选择公理**，在它被提出 100 多年后的今天仍然是争论的焦点，我们将探究它为什么一直激发着数学家的热情。

还有其他的选择公理化集合论。其中最有名的是 ZFC 的扩展理论——NBG 集合论。我们将介绍一点 NBG 理论，关注点仍然是 ZFC 理论。

17.1　ZFC 集合论公理

在本节中，我们将一步步地创建一个合理的集合论，这个集合论保留了朴素集合论的直观和简单，同时不会陷入矛盾中。

请记住我们要做的是创建基础的东西。作为基础的东西，我们不能依赖除了一阶谓词逻辑和公理外的任何东西。直到构建完成，这里没有数字，没有点，没有函数。在说明怎么用公理构建出集合论之前，我们不能假设有任何东西存在。

创建一个合理的集合论到底需要什么呢？在朴素集合论中，从定义集合的成员开始。在公理化集合论里，我们采用相似的方法开始。集合的性质完全由它的成员确定，该性质称为外延。

外延公理

$$\forall A,B:A = B \lneqq (\forall C:C \in A \Rightarrow C \in B)$$

这是由成员描述集合的一种形式化方式：两个集合相等，当且仅当它们包含相同的成员。外延是一个数学术语，表述的是如果事物有相同的行为则认为事物是相等的。集合唯一真正的行为是测试一个对象是否是集合的成员，当你问一个对象是否是集合的成员时，如果两个集合的答案相同，那么两个集合相等。

外延公理完成两项任务：通过定义行为定义了集合，同时它定义了如何比较两个集合。它没有说明集合是否真实存在，或者如何定义新集合。

下一步就是增加公理。使用归纳模式，我们回到 1.1 节：基本情形和归纳情形。基本情形说明了存在一个不包含元素的集合。归纳情形告诉我们如何使用空的集合来创建其他集合。

空集公理

$$\exists \varnothing : \forall x : x \neg\in \varnothing$$

空集公理给了我们所有集合的基本情形：它说存在一个空集，不包含任何成员。这提供了一个起点：一个能用来建立其他集合的初始值。多说一点就是：通过告诉我们存在一个空集，这个公理告诉我们存在以空集为成员值的集合——包含空集的集合。

配对公理

$$\forall A, B : (\exists C : (\forall D : D \in C \Rightarrow (D = A \lor D) = B)))$$

配对是创建新集合的一种途径。如果存在两个对象，那么可以创建一个刚好包含这两个对象的集合。在配对公理之前，我们可以定义一个空集（$\varnothing$），以及一个包含空集的集合（$\{\varnothing\}$），但是不能创建一个集合，既包含空集又包含一个包含空集的集合（$\varnothing$，$\{\varnothing\}$）。按照逻辑形式，配对只是表示了可以通过枚举建立一个二元集合：给定任何两个集合 A 和 B，存在一个集合 C，只包含 A 和 B 两个成员。

并集公理

$$\forall A : (\exists B : (\forall C : C \in B \lneq (\exists D : C \in D \land D \in A)))$$

并集公理是配对公理最好的“朋友”。同时使用这两个公理，可以通过枚举法来创建任何我们想要的有限集。一般来讲，给定任意两个集合，它们的并集是一个集合。该公式是复杂的，因为我们还没有定义并集的运算，但是这一切其实说明了我们能定义并集的运算，且通过并集创建新的集合。使用配对公理，可以从一个集合中挑选特定的元素；使用并集公理，可以将这些元素连接起来，通过配对创建多种集合。因此，由于存在这两个公理，我们能提供一个特定的元素序列，并且存在一个集合正好包含这些元素，不包含其他的元素。

利用上面四个公理，可以创建任何我们想要的有限集。但是有限集是不够的：我们也想要实现其他的东西，如在新的集合论下，康托尔对角化也成立。我们需要一些方法来创建更多的东西，而不仅仅是有限集。对于新的集合论，至关重要的一点是：无限集在康托尔的朴素集合论里遇到了麻烦。对于任何用来创建无限集的机制我们都要非常小心地设计，以确保不会创建自引用集合。

我们首先创建一个单一的、规范的无限集，这个规范的无限集是通用的，因此它会被当作一个原型：任何一个无限集都派生自这个原始无限集，因而，没有什么能使它成为问题。

无限公理

$$\exists N: \varnothing \in N \land (\forall x: x \in N \Rightarrow x \cup \{x\} \in N)$$

无限公理是迄今为止我们碰到的最不容易理解的公理，因为它引入了一个真正难以理解的思想：它说我们可以创建一个包含无限个成员的集合。这不仅仅表明了我们能创建有限集，而且还说明了我们能够用一种特定的方式来创建无限集，任何无限集要么使用同样的方式创建，要么派生自使用该方式创建的集合。

通过无限公理定义的无限集原型满足以下条件：

1. 包含空集；

2. 对于每一个成员 x，它也包含只有一个元素 x 的单元素集 $\{x\}$。这意味着如果我们按照正式的声明，并称集合为 N，那么 N 包含$\varnothing$，$\{\varnothing\}$，$\{\{\varnothing\}\}$，$\{\{\{\varnothing\}\}\}$，等等。

这个公理其实只说明了两件事。第一，它给了我们一个无限集原型。第二，它用一个很特殊的方式定义了这个无限集。可以用很多不同的方式来定义一个规范的无限集，而用这种方式定义的原因是这个特定的结构可以由构建皮亚诺自然数的方式直接推导出来。这意味着，从本质上讲，皮亚诺自然数是一个规范化的无限集。

规范元公理

$$\forall A: \exists B: \forall C: C \in B \Rightarrow C \in A \land P(C)$$

对于有限集，空集公理提供了一个有限集原型，配对公理和并集公理告诉我们可以用一个有限集去创建其他的集合。对于无限集，无限公理提供了无限集原型，现在，规范元公理将允许我们使用逻辑谓词创建任何我们想要的无限集。

被称为元公理的原因是它存在一个大问题。我们想要的是：给定任何谓词 P，可以选定任意集合 A，从中选择出满足 P 为真的元素，得到的结果是一个集合。非正式地讲，我们想要的是利用一个大集合（如原型无限集）创建一个集合，该集合中的对象都具有某个特定的属性，即选择具有所需属性的子集。

这就是我们想用单个公理来说明的内容。不幸的是，我们不能那样说。对于任何谓词 P 为真的命题不可能写成一阶逻辑。为了解决这个问题，设计 ZFC 集合论的人只做了一件他们能够做的事：他们说谎了，且称这不是一个真正的二阶公理，只是无限集公理的一种模式。对于每个谓词 P，存在另一种规范公理的实例，表明了可以用谓词 P 定义任何集合的子集。

在公理中，没有任何地方表明只能用它从一个无限集中选取元素。可以用规范元公理从有限集中找出具有相同属性的子集。

但是，对于有限集，不需要使用规范：可以手动地枚举出你想要的元素。如果有一个集合 $A=\{1, 2, 3, 4\}$，你可以讲“A 中为偶数的元素”，也可以讲“集合 $\{2, 4\}$”。对于无限集，需要使用规范去定义一个类似偶数集的集合。

幂集构造公理

$$\forall A: \exists B: \forall C \subseteq A: C \in B$$

这是一个不错的、简单的但是非常重要的公理。无限公理提供了一个无限集原型。规范公理告诉我们一种从无限集中选取元素来创建其他无限集的方式。同时使用两个公理，可以创建一个无限集，它是原型的子集。但是，这还不够。我们知道如果新的集合论成立，那么实数集应该比自然数集大，且我们知道无限集原型的大小和自然数集完全相同。除了使用一些方法创建一个更大的集合，我们不能使用集合来表达实数集。幂集公理提供了一种方法来解决这个问题：它表明对于任何集合 A，所有 A 的可能子集的集合（称为 A 的幂集）仍然是一个集合。有了幂集构造公理、无限公理和规范公理，我们能创建一个完全的无限集合世界。

幂集公理是危险的。只为能创建一个比自然数集大的集合，我们如履薄冰：这就是自引用集合给我们带来的巨大痛苦。准确解释原因对于本书太过复杂，但是在有比自然数集大的无限集前，我们不能建立一个矛盾的自引用集合。现在由于有了幂集，我们能够建立了，为了保护集合论，我们需要建立一个防火墙。

基础公理

$$\forall A \neq \varnothing: \exists B \in A: A \cap B = \varnothing$$

任何集合 A 包含成员 B，并且 B 是一个与 A 完全不相交的集合。

理解这个公理需要脑筋转一点弯。这个公理说明了不可能创建会导致不一致的自引用集合。不能创建一个只包含自己的集合，且事实上，每个集合，如不包含自己的所有集合的问题集，在不违反公理的情况下，不能有一种自相矛盾的表示方式。因此它们不是集合，我们不能创建它们，在推理集合时我们不讨论它们，所以，它们不是问题。这可能让人感到有些“强词夺理”，但是我们真的是使用一种最小限制的方式来禁止这些集合。

我们几乎完成了新的集合论。我们能创建有限集和无限集，能创建任何大小的集合，从有限到无限，且更多。我们能使用谓词定义集合。而且所有这些不会导致不一致的情况。还剩下什么？

还剩下了两件事情。第一件比较简单，第二件是我们曾经遇到的最困难的想法之一。第一件就是我们使用集合和谓词定义函数的形式化方法。第二件我们后面再讨论。

置换元公理

$$\forall A:\exists B:\forall y:y\in B\Rightarrow\exists x\in A:y=F(x)$$

置换是另一个元公理——实数公理中无穷数的另一种表示。它表明可以依据谓词来定义函数：只要一个集合通过 $P(x,y)$ 来定义，$P(x,y)$ 就是一个函数，它具有函数的主要属性，即定义域内的每个值映射到值域里的另一个值。不能说这很简单，因为我们还没有定义函数、定义域、值域。

之所以需要这个公理，是因为我们在谈论一个典型函数的时候，形式上，函数是使用谓词逻辑定义的。例如，定义一个函数 $f(x)=x^2$，实际上是表明存在一个配对（a，b）的集合，它的谓词表示了“b 是 a 的平方”为真。这恰好遇到规范元公理中同样的问题：我们希望能够说，对于任何函数化谓词，可以根据集合定义函数。既然我们不能说所有的谓词，必须清楚地告诉你能这样做，而且作为一个元公理，表明每一个函数化谓词都是实数公理中无穷数的另一种表示。

注意，这里还有一些问题！选择公理仍然是数学家辩论的主题。这是一个非常棘手的概念。它很微妙，且从直观上很难解释为什么需要它。它真的与置换公理相对应。置换公理规定我们需要定义函数，因为我们希望有能力谈论函数，但是没有公理来定义这个能力，那是不可能的。同样，选择公理规定我们需要的类似拓扑的议题，所以我们需要将它作为一个公理加入进来。

选择公理

我不打算采用纯符号来介绍它，它真的是太难理解了。

- 记 X 为一个集合，它的所有成员都是非空的。
- 存在一个函数 f，对于每个成员 $x\in X$，$f(x)\in X$ 成立。
- f 称为选择函数。

这是什么意思？解释它是一件不容易的事情。粗略地说，它意味着集合具有某种结构，对从集合中选择东西的任何机制，它都可能存在某种一致性，即使这个集合无限大，甚至我们不能创建这个机制，或者说它可能不成立。

那就是：通过定义一系列公理，我们有了新的集合论。新版本的集合论具有我们喜欢的集合论的任何东西。它是形式化表述的，这让阅读变得困难，但是基本的概念和朴素集合论的直观想法保持一致。公理化的基础保护了所有这些性质，同时保证了不会有不一致问题：这个问题破坏了朴素集合论，但是被精心设计的公理防止了。

但是还没有结束。前面说过选择公理存在争议和困难，但是没有解释为什么。下面深入研究为什么选择公理这么奇怪，而且为什么在它导致了这么多古怪的事情时我们还需要它。

17.2 疯狂的选择

唯一真正难以理解的公理就是选择公理。而这本身是可以理解的，因为甚至在数学家之间，选择公理在某些圈子里完全充满争议。它有很多变异，或者说有很多不同的方式，但说的是同样的事情。最后以相同的问题结束。所有这些问题都是谎言。但是放弃选择公理会有一些严重的问题。

为了理解是什么导致选择公理出现这样的问题，最容易的就是利用它的一个变异。必须清楚地了解我说的变异：它不仅是选择公理的不同语言的重述，还是最终证明是相同事情的陈述。例如，我们将介绍一个称为良序定理的变异。如果我们坚持选择公理，那么良序定理可以用 ZFC 公理证明。如果我们不坚持选择公理，使用良序定理来替换它，那么选择公理可以使用 ZFC 集合论和良序定理一起来证明。

选择公理最简单的一个变异称为良序定理。它很好地证明了选择公理的疯狂，因为从表面上看，它看上去相当简单和明显。但是当仔细研究它以后，你就会意识到它是绝对疯狂的。它说对于每个集合 S，包括有限集，都可以在 S 上定义一个*良序*。S 是良序的意味着 S 的每个子集都有一个唯一的*最小元素*。

很明显，是不是？如果我们有小于运算，那么一定存在最小的元素，对吗？这看起来可以理解，但是它蕴含了一些很疯狂的东西：良序定理表明存在一个唯一的值，它是*最小正实数*。良序

表明对于每个实数 r，存在唯一的下一个实数。最后，我们知道大于或等于 0 的实数集——很明显，由规范公理这是成立的，集合中最小的元素是 0。再次使用规范公理，我们创建它的一个不包含 0 的子集。新的集合仍然存在最小的元素：最小的实数比 0 大。

这很荒谬。是不是？我们知道在每个实数对之间有无限的实数。看起来像是个重大的不一致，和 ZFC 里的不一致集合一样糟糕。通常的争论不是不一致：这不是问题，因为我们无法获得对这个数字的足够控制权，以至于不能用它来创造一个明确的不一致。

另一个证明选择奇怪的是数学里最古怪的东西，称为巴拿赫-塔斯基悖论（Banach-Tarski paradox）。巴拿赫-塔斯基说可以将一个球体切割成六块，然后将这六块不弯曲、不折叠地重新组装起来，得到两个同样的球体，每个的大小和原始的球体完全相同。或者，可以使用这六块重新组装出一个大小比原始球体大 1000 倍的球体。

当你了解它的细节时，巴拿赫-塔斯基悖论看起来彻头彻尾是疯狂的。它没有看上去那么糟糕。它看起来是错误的，但实际上是推断出来的。巴拿赫-塔斯基悖论不是不一致：它只是证明了无限是一个真正古怪的思想。当我们讨论类似球体体积这类东西时，采用测度论（measure theory）：一个形状的体积通过度量来定义。在巴拿赫-塔斯基悖论里发生的是我们用选择公理去创建一个无限复杂的切片。在无限复杂里，体积和一个形状的表面积是不能度量的。我们已经使得测度论超出了它的限制。当我们把切片重新放到一起时，无限复杂的切割匹配，最终再次得到一个可以被测量的图。但是由于它经过一个不确定的阶段，所以前后是不一致的。它能推导出最终的结果，是因为每个球体包含无限多的点：如果将无限集合分成两半，每一半仍然有相同数量的点，这意味着很明显有足够多的点来填充两个新的球体。在集合论里，这不是不一致的。在测度论里，它是不一致的，但是测度论不允许存在这种无限复杂的切片，这就是为什么该体积不能被度量。

选择公理似乎在其所有形式中都会产生问题。为什么我们坚持保留它？最简单的方式来回答这个问题，就是看看重申它的另一种方式。选择公理等同于一个陈述：非空集合的笛卡儿积非空。这是一个如此简单而又必要的陈述：如果我们甚至不能表明非空集合的乘积是非空的，怎么可能使用新的集合论做任何事情？

选择公理最终表明的是我们能创建一个函数，从一个没有区别的集合元素中进行选择。不用关心选择是什么。重要的是它有一定的理论意义，存在一个函数可以用来选择。帮助建立 ZFC 集合论为主要的数学基础的数学家之一伯特兰·罗素（Bertrand Russell，1872—1970）解释了为什么需要选择公理："从无限多双袜子中选择一只袜子需要选择公理，但是对于鞋子来讲则不需要。"对于鞋子，成对的两个成员是不同的，所以我们能够很容易地设计一个函数来分辨它们。一双袜子的两个成员完全一样，所以我们不能说怎么去分辨它们。选择公理表明我们可以区分，即使我们想象不出来如何区分。

选择是不舒服的。它看起来疯狂、不一致。但是没人能够明确地证明它是错的，只是不舒服。还是有一些人拒绝去接受它，但是对于大多数人来说，抛弃选择的代价太高。太多数学，从基本数论到拓扑论、微积分都依赖它。它产生的结果可能感觉是错的，但是在背后，这些看似错误的结果却是可解释的。到最后，它还是正常工作的，所以我们坚持保留它。

17.3 为什么

总而言之，集合论就是核心。用这十个公理和一阶谓词逻辑，几乎可以推导出所有的数学方法。整数很自然地从无限公理中得到，一旦有了整数，就能利用配对公理创建有理数；一旦有了有理数，就能利用这些公理去推导狄德金分割（Dedekind cut）得到实数；一旦有了实数，就可以利用置换公理得到超限数。所有这些都从这十条规则推出。

令人吃惊的是它们甚至不是特别难！这些公理可以理解：每个公理需要的原因很清晰，且每个公理代表的含义很清晰。不需要我们费尽脑力去理解它们！经过一些真正天才的努力才得到这些规则；找出将整个集合论分解成十个规则的方式，同时防止类似罗素悖论等问题是一项惊人的艰巨任务。但是只要几个天才为我们做了这些，我们就处于一个良好的状态。我们不需要去推导它们，只需要理解它们。

公理化地定义整个集合论的重点是避免朴素集合论里的不一致性。前面提到的公理约束了集合的基本定义和运算。这些公理不仅仅表明“集合是一组东西的集合”，还约束了集合是什么。它们不仅仅表明“如果你能写出一个谓词来选择成员，那么这个谓词定义了集合”，还提供了一种约束机制来使用谓词定义有效的集合。适当地利用这些约束，我们有了一个一致的、定义明确的基础理论，用来建立剩下的数学方法。

第18章

Good Math

模型：用集合作为搭建数学世界的积木

数学家喜欢说他们能使用集合论作为基础重建数学世界的一切。这到底是什么意思呢？

集合有出乎意外的灵活性。在 ZFC 集合论中，我们可以将集合作为基本结构来构建一切。它们本质上极像小孩积木的数学版本：很容易用不同的方式组合在一起，以至于可以使用它们构建你想要的任何东西。你可以挑选出任意优雅的数学领域，利用集合去构建需要的对象。

假设我们想要构建一个新的数学体系，如拓扑学。描述拓扑面的形状的一个简单方法就是通过观察面上的点及其相邻点来研究。拓扑学公理需要定义点是什么，形状是什么，点与点相邻意味着什么。

我们可以像研究集合那样，从绝对的无中构建数学的拓扑学。为了达到目的，我们需要利用大量的基本公理回答一些基本问题：最简单的拓扑空间是什么？怎样构建更复杂的空间？怎样使用逻辑去描述空间？等等。这将是很困难的，而且很多都回到定义 ZFC 时的步骤。用集合论来构建将容易得多：我们能做的就是构建一个模型，说明如何使用集合去构建拓扑的基本对象（点和面）。然后，我们将展示怎样用 ZFC 公理的模型去证明构建的拓扑公理。

和数学上的许多思想一样，很容易理解通过一个特别的例子构建模型意味着什么。我们将回到集合论的最初目的，用它构建基于集合的基数和序数模型。

18.1 构建自然数

在第1章中，我们公理化地定义了自然数。在数学的许多地方，我们用类似皮亚诺算术的规则去公理化定义对象及其行为。如果你想定义一个新的数学结构，比较微妙的一个问题是：只定义一组公理是不够的。一组公理逻辑上定义了一组对象以及该类对象的行为，但是公理实际上并不能给出一个满足定义的存在，甚至不能创建一个在语义上满足定义的对象。为了使公理化定义起作用，需要说明怎样构造被称为模型的、满足公理的对象集合，去证明根据定义描述的对象是存在的。这个对象的集合就称为公理的模型。这就是集合的用处：集合提供理想框架去构建数学对象，以便使用优雅的公理定义模型。

我们要去创建一个自然数的模型。在假设数字不存在的前提下，如何才能做到呢？我们回头看看集合论的创立者。回到19世纪，康托尔做着许多数学家都在尝试做的事情。他尝试着找一个简单、精小的基础概念以建立全新的数学。结果他带来了集合论。在康托尔的研究之前，集合的基本思想在数学上已经使用几千年了，但是一直没有人将其当作正式的基础。康托尔的精细工作永远改变了数学的面貌。他没有得到完全正确的理论，但是他的关于集合论的问题的思想在ZFC中被固化了。没有康托尔对规范化集合论的先驱工作，ZFC 是不可能得到发展的。康托尔最先展示集合的强大作用是使用集合论去建立数字模型，这些模型成功地支撑了 ZFC。

康托尔的形式化集合论是他数论研究的一部分。他曾想从简单的集合概念开始，建立数字模型。我们也将根据他的流程来做。

首先，需要定义将要讨论的对象，即自然数的集合。我们已经看到无限公理的基本构造。自然数集合从 0 开始，记为$\varnothing$。对于每一个添加的自然数 N，集合由所有小于 N 的自然数组成。

- $1=\{0\}=\{\varnothing\}$
- $2=\{0，1\}=\{\varnothing，\{\varnothing\}\}$
- $3=\{0，1，2\}=\{\varnothing，\{\varnothing\}，\{\varnothing，\{\varnothing\}\}\}$

……

现在我们需要证明，定义自然数含义的公理在应用于这种结构时是正确的。对于自然数，这意味着我们需要证明皮亚诺公理是正确的。

1. *初始值规则*：我们看到的第一条皮亚诺公理是*初始值规则*，它说 0 也是自然数。在关于自然数的结构中，我们已经将 0 作为自然数了。所以这条规则得到了证明。

2. *后继、唯一性以及前继规则*：皮亚诺算术说每一个数字都有一个唯一的后继数。在我们的结构中，这一条是很明显的，每一个数都有一个唯一的后继。对于任意数字 N，其后继由从 0 到 N 的集合创建。这里只有一个唯一的方法创建后继，并且明显是唯一的。如果后继规则是真的，则前驱规则也应该是真的，只是 0 没有前继数。

由于在我们的模型中 0 表示为$\varnothing$，又如何设置它的前驱集合呢？任意数字 N 的后继将 N 作为一个元素：0 的表示是空，所以它不能是任意数的后继。

3. 等价规则：我们将使用集合等价性。两个集合等价当且仅当它们有相同的元素。集合等价是自反、对称、传递的，这意味着在我们基于集合的模型中数字的等价是相同的。

4. 归纳：无限公理是为归纳证明而特别设计的。它是对归纳规则的一种更强形式的直接重述。这意味着自然数的集合论模型的归纳证明是有效的。

我们已经使用集合建立了自然数的模型，并且表明可以容易地证明皮亚诺公理是真的、结构是可用的。通过这样做，我们现在知道自然数的定义是一致的，可以创建满足它的对象。事实上，基于集合的模型是一致的，满足皮亚诺算术公理意味着，使用该模型，对自然数的任何证明都可以归约到 ZFC 公理的证明。不需要重新创建一个基础，我们的方法在建立 ZFC 的时候就确定了：我们曾经做过一次，现在只是继续使用它。

18.2 从模型到模型：从自然数到整数，以及超越

我说过集合就像乐高积木，我是认真的。对于我来讲，使用集合建立结构的方式与玩乐高积木非常相似。当你使用乐高积木搭建一个有趣的物体如奇特的房子时，通常不会考虑直接用单个的积木直接搭建房子。你开始把搭建的对象分为几个组件。建造墙、屋顶和门，然后把它们组合成房子。为了建造墙，可以把墙分成几个部分：一个基座、一个窗户和窗户周围的侧面部分。在数学中，当我们使用集合构建模型时，通常做相同的事情：从集

合中构建简单的组件，并从这些组件中构建更精细的模型。

我们只使用集合就建立了一个好的自然数模型。事实上，我们只是从一个空的集合开始，然后使用 ZFC 公理来构建自然数集合。

现在，我们将更进一步，构建更多的数字。可以使用与第 2 章用到的相同方式来准确地实现，但是我们将使用基于集合的自然数来实现。

使用已经用集合定义好的自然数进行下一步工作。我们将保持集合的值不变，但是将赋予它们不同的含义。

对于每个偶数 N，我们认为它表示了一个等于 $N/2$ 的正整数；对于每个奇数，我们认为它表示了一个等于 $-(N+1)/2$ 的负整数。

当然，为了正式，我们需要定义它是否是偶数：

$$\forall n \in N: \text{Even}(n) \lneqq (\exists x \in N: 2 \times x = n)$$

$$\forall n \in N: \text{Odd}(n) \lneqq \neg \text{Even}(n)$$

所以：

- 自然数 0 将表示整数 0；0 是偶数，因为 $0 * 0 = 0$；因此 0 由空集合来表示。
- 自然数 1 将表示整数 -1。1 是奇数，所以它表示了 $-(1+1)/2 = -1$。因此，-1 由集合 $\{\varnothing\}$ 来表示。
- 2 表示整数 $+1$，意味着 $+1$ 由集合 $\{\varnothing, \{\varnothing\}\}$ 来表示。
- 3 表示整数 -2，所以 -2 由集合 $\{\varnothing, \{\varnothing\}, \{\varnothing, \{\varnothing\}\}\}$ 来表示。

以此类推。

为了成为一个有效的整数模型，我们需要证明公理在这个整数模型上成立。很显然大部分都成立，因为对于自然数我们已经验证了它们。唯一的新内容是需要增加加法逆元，所以需要证明加法逆元公理在这个整数模型中也成立。加法逆元公理表明了每个整数都有一个加法逆元。通过加法的定义，我们知道如果 N 和 $-N$ 都存在，那么 $N+(-N)=0$。我们已经说明了对于每个大于或等于 0 的 N，我们的模型确实存在一个 $-N$；对于每个小于或等于 0 的 N，我们的模型有一个 $+N$。

与平常证明数论一样，使用归纳法。

1. 基本情形：0 是自己的加法逆元，所以 0 的加法逆元存在。

2. 归纳情形：对于任何整数 n，如果 n 的加法逆元存在，那么 $n+1$ 的加法逆元一定存在。

3. 通过任意数 n 是由自然数 $2n$ 表示的事实，可以证明归纳情形是真的。知道自然数 $2n$ 表示 n，那么由整数模型的定义 $2n+2$ 表示 $n+1$，$2n+1$ 表示 $n+1$ 的加法逆元。通过 $2n+1$ 的精确表示，我们证明了 $n+1$ 的加法逆元是存在的。

这个小的证明显示了像乐高模型一样使用集合的美妙。我们只是从一个空集合开始，使用空集合来构造自然数，然后使用自然数来构建整数。如果我们没有建立自然数，且随后使用自然数来建立整数的步骤，证明存在加法逆元将会有点痛苦。确实也可以证明，但是对于读和写将困难很多。

类似地，我们继续前进，并构造更多的数字。回到第 3 章，根据整数对定义有理数，而实数作为有理数的狄德金分割，我们真的在使用基于集合的模型，这些模型建立在第一个基于集合的自然数模型上。一个明确的事实是我们得到一个最原始的基于集合的数字模型，然后利用基于集合的构造块构建第一个模型，最后构建越来越好的组件。

这就是从集合构建数学方法。我们只是利用简单的片构建块，然后使用这些块构建更好的片，直到得到我们想要的为止：不管是数字、形状、拓扑还是计算机，都有相同的搭积木过程。

在这里，有一点需要特别注意。集合基本上是最终的数学构建积木。本章中，我们构建了自然数和整数的模型，但是没有构造自然数，构建的是自然数的一个模型。对象的模型不是被建模型的对象。

想象一下乐高积木。可以用乐高积木搭建一个很好的汽车模型。但是汽车不是从乐高积木中制造出来的。如果建造一个汽车模型，真正用于建造汽车的东西其实不重要。你想做的事情就是构建出像汽车的东西，它的行为像一个汽车。即使你建造一个巨大的乐高模型，让人们可以坐进去，且事实上它真是一个汽车，也并不意味着汽车就是由乐高积木建造的。

这种使用集合构建模型的观点不断有人抛出。在这里我们建造一个美妙的自然数模型，但是我们表达数字的模型里的对象仍然是一个集合。在我们的构造里，可以在模型中进行数字 7 和 9 的交集运算。但是不能对数字 7 和 9 作交集，因为数字不是模型里的对象。必须完全根据模型里的操作使用它们。必须保持在模型里，否则结果就不会有意义。

当你在集合论里构建任何事情的时候，必须记住这一点。你使用集合构建模型，但是，建模的对象不是模型。如果你想得到有效的结果，需要保持在模型里。再一次使用乐高积木做比喻：你能够建一个房子的乐高模型，在窗户上使用透明的积木。并且，你能够从模型房子上拆下窗户，把窗户拆开成多个积木，然后重新组装它。但是，对于真实窗户你无法这样做。

第19章

Good Math

超限数：无限集的计数和排序

你可以问的最深的问题之一是每一个集合论都需要回答的第一个问题：有比无限大的东西还要大的东西吗？一旦知道了这个问题的答案，并认识到有无限大的度量，就开启了新的问题：如何用数字来谈论无限？算术如何与无限协同工作？无限大的数字是什么意思？在这一节中将回答这些问题。我们从集合的视角来观察数字，应用集合的方法来观察康托尔对基数和序数的定义。接下来，我们将看到一种新的数：康托尔的超限数。

19.1 超限基

基是集合大小的量度。对于有限集合，有个简单直观的概念：统计集合元素的个数，其结果就是集合的基。当康托尔第一次看到数和集合论的思想时，数字意义的第一个概念就是基。假设有个集合，我们能问的最明显的问题是：它多大？集合大小的度量就是集合元素的个数，我们称之为集合的基。

一旦有了集合大小的概念，就可以接着问集合的相对大小：哪个集合更大——这个还是那个？当涉及无限大集合时，这个问题变得更加有趣：如果有两个无限大集合，这个更大，还是另外一个更大？如果无限大集合有不同的大小，那么如何度量它们？

我们已经在 16.2 节中看到了怎样比较两个不同无限集合基的例子。度量相对基的思想是运用集合之间的一一映射。假设有两个集合 S 和 T，从 S 到 T 有一个完备的一一映射，就可以说 S 与 T 有相同的基。

这看起来像是个简单的概念，但是可以衍生一些相当奇怪的结果。比如，偶数集与自然数集有相同的基：函数 $f(x)=2*x$ 是完备的，从自然数集到偶数集是一一对应的。所以偶数集与自然数集有相同的大小，即使偶数集是自然数集的一个真子集。

当研究更多集合时，可以将它们按基分为 3 类：有限集合，其基比自然数集的小；可数集合，其基和自然数集的相同；不可数集合，其基比自然数集的大。

从康托尔开始的集合论学者发明了一种数，仅仅用于描述不同集合的相对基。在集合论之前，人们谈到大小时，通常认为有有限数和无限数。但是，集合论显示这些是不够的：存在不同的无限。

为了描述包括无限集合在内的集合的基，需要一个不仅仅包含自然数的数字体系：康托尔设想了一个自然数的扩展版本——基数（cardinal number）。基数由自然数和一种被称为超限基数的数字族组成。超限基数指定了无限集合的基。第一个超限数写为 $\aleph_0$（读作 aleph-null），它是自然数集的大小。

当看到超限数并且尝试弄懂无限意味着什么时，你会得到某种有趣的结果。在康托尔的对角化中用到的相同思想也可以用于证明对于任意非空集合 S，S 所有子集的集合（也称为 S 的幂集）是严格大于 S 的。这意味着给定一个最小的无限集合，记为

$aleph_0$，可以证明存在一个比它更大的无限集，记为 $aleph_1$。对于给定的 $aleph_1$，又有另一个比 $aleph_1$ 更大的无限集 $aleph_2$，以此类推。也就是说，存在一个比一个大的无限集合链。

19.2 连续统假设

康托尔假设比自然数集大的第一个无限集是自然数集的幂集，这个幂集是实数集。这个命题即连续统假设。假设它是正确的，则

$$\aleph_1 = 2^{\aleph_0}$$

连续统假设原来确实是一个难题。在集合论构造的数字模型中（因此，在所有集合论数学中），它既不是正确的也不是错误的。也即，你可以选择它是正确的，并且所有 ZFC 数学是对的，因为你不能够证明矛盾。但是，你也可以认为它是错误的，依旧不能从 ZFC 中找出矛盾。

看到连续统假设，你可能认为它像是朴素集合论中的罗素悖论一样。毕竟，看起来我们遇到了既正确又错误的事情。

但是，这实际上不是问题。在罗素悖论中，有两个可能的答案，但是这两个答案都可以证明是错误的。在连续统假设中，也有两个可能的答案，但是两个答案都不是可证明的。因此，这里并没有矛盾：我们不能证明不一致。我们只是发现了 ZFC 集合论的一个局限：连续统假设无论怎样都是不可证明的。存在一个可用的超限数体系，在这里它既是正确的，又是错误的：我们可以通过将个人的选择作为公理附加到连续统上，以此选择这两个等价体系中的一个。

这真是怪异！但是，这是数学的本质。正如上文中所述，在数学的历史中充满着失望。当连续统问题被提出时，许多人相信它是正确的，还有许多人相信它是错误的。但是没有人想到它是独立的，既不可被证明是正确的，也不可被证明是错误的。即使我们根据最简单、最清晰的基础理论定义数学，也不能摆脱这一事实：没有什么可以按我们期望的那样去运行。

19.3　无限何在

现在我们得到了集合，而且可以用基数讨论集合的大小。但是，即使知道了一个集合的大小和集合中的元素根据某种相关性的排序，我们也不能讨论一个特定集合的值在哪里。基数描述集合中的元素数目，描述的是数量。

在英语中，说明为什么在一些使用基数的地方不能使用序数是容易的，但是反过来却困难得多。如果你讲英语，尝试说“我有第 7 个苹果”，它明显是错误的。换一种方式，你可以说“我想要苹果 3”，它听起来像是你正在用基数去指定序数位置。在英语中，你可以摆脱它。但是在数学中却不能。你需要一个不同的对象，它有不同的意义，适用于位置，而不适用于数量的度量。

我们需要定义有序数字。可以使用相同的表示去建立序数模型。在基数和序数中使用相同的对象是可以的：记住，只能在模型中讨论建模的对象。所以，我们不能在基数模型中拿出一个基数放到序数模型中，并且让它有意义。

现在，我们有了有序数字，当尝试对有无限基的集合使用它们时会发生什么？应该怎样在大小为$\aleph_0$的集合中描述序数位置呢？

为了讨论集合里元素的位置，我们需要一种方法去表示所有有限序数位置之后第一个元素的位置。

正像需要定义超限基数那样，我们需要定义一种新的序数，称作*超限序数*（transfinite ordinal number）。用符号 ω 表示第一个超限序数。

表示位置时，超限序数与超限基数的行为有非常大的不同。如果添加一个元素到大小为 $\aleph_0$ 的集合中，那么集合的大小仍然是 $\aleph_0$。但是，如果观察位置 ω 和它加入一个元素之后的位置，那么位置 $\omega+1$ 位于 ω 之后，这意味着 $\omega+1$ 比 ω 大。

记住，我们没有谈论大小，只是在讨论位置，当到达超限领域时，存在一个对象位于位置 ω 的对象之后，并且，因为它在一个不同的位置，因此需要一个不同的超限序数。当我们讨论序数时，有三种序数：

- **初始序数**：初始序数为 0，是良序集合的初始元素的位置。
- **后继序数**：后继序数是紧接于某序数后面的序数（又名后继）。所有的有限数字位置都是后继序数。
- **极限序数**：它是类似 ω 的没有后继的序数。

ω 是个极限序数。它是有限序数的极限：作为第一个非有限序数，每个有限序数在它之前，但是没有办法指定它的后继序数是哪个。（在序数代数中没有减法运算，因此 $\omega-1$ 是无定义的。）极限序数是重要的，因为它在无限集合中给了我们使用连续位置的能力。一个后继序数能够给出一个有限集合中的任意位置，但是一旦涉及无限集合它就无能为力了。正如在基数中所看到的一样，集合的大小是没有限制的，因为在相应的集合中存在无限大的超限基数。

所以，该如何使用超限序数去讨论集合中的位置呢？通常，它是使用超限归纳证明的一部分。所以，当我们不必在具有超限基的集合中特别说明元素 ω 时，可以讨论第 ω 个元素。

我们使用的方法是同构。用数学的观点，同构是两个不同集合之间的严格的一一映射。具有相同序数的良序集合是同构的。具有 N 个元素的集合与序数 $N+1$ 是同构的。

我们在已排序和同构的情形下讨论无限集合的第 ω 个元素。我们知道该大小的集合存在，因此，如果集合存在，则序数必定存在。

现在我们有了序数，并且很容易看出它们与基数不同。基数 $\aleph_0$ 是序数为 ω 的集合的基，同样也是序数为 $\omega+1$、$\omega+2$ 的集合的基，等等。所以，在序数中，ω 是不同于 $\omega+1$ 的。但是在基数中，ω 和 $\omega+1$ 的大小是一样的，因为 $\aleph_0$ 与 $\aleph_0+1$ 是一样的。

它们是不同的，因为它们意味着不同的事物。在有限值时它们不是如此明显。但是，一旦涉及无限，它们便是完全不同的，并且遵守不同的规则。

第20章

Good Math

群论：用集合寻找对称性

每天，我们大多数人早上起床，走进盥洗室，站在镜子前面刷牙。做这些事情的时候，我们正面对一个高深的数学概念，但是很少去思考，这个数学概念就是对称性。

镜面反射是很常见的对称性，我们每天都会用到镜面反射。还存在很多其他的对称性：对称性是个普遍的概念，它处处存在，从数学、艺术、音乐到物理。为了理解数学意义上的对称性，我们可以看看所有不同种类的对称性在同一基本概念下的不同表现。

为了理解对称性的本质，我们将用类似乐高积木的集合属性来建立一个代数结构——*群*，从而进一步探讨*群论*。在精确的、正规的数学术语中，群描述了对称性的含义。

20.1 费解的对称性

让我们玩一个我称之为 crypto-addtion（密码-加法）的游戏。取从 a 到 k 的字母，同时指定这些字母分别对应 -5 到 5 间的一个数字。请你指出哪个字母对应哪个数字。唯一的线索来源于表 20-1，表中展示了不同字母的和，而且和也在 -5 与 5 之间。

表 20-1　crypto-addition（密码-加法）表：字母 a 到 k 对应 -5 到 5 间的数字。表中的元素表示所在行与列的和

	a	b	c	d	e	f	g	h	i	j	k
a			b	a	h		f		d	k	
b			f	b	d		k	a	c	h	
c	b	f	g	c	i	k	j	d		e	h
d	a	b	c	d	e	f	g	h	i	j	k
e	h	d		e		c		j			g
f			k	f	c		h	b	g	d	a
g	f	k	j	e		h	e	c		i	d
h		a	d	h	j	b	c	k	e	g	f
i	d	c		i		g		e			j
j	k	1	e	j		d	i	g			c
k			h	k	g	a	d	f	j	c	b

使用 crypto-addtion 表，你能指出这些字母所对应的数字吗？

当然，可以轻易地找出 0 是什么：只需要看第一行。对于每一个符号，它表示了用字母 a 对应的数字加上其他字母对应的数字得到的和。当计算 a 加 d 时，和为 a，所以 d 是 0，因为只有 0 满足等式 $x+0=x$。

一旦知道了 0 代表的是什么，就可以指出正负数对，因为一对正负数相加为 0。所以我们不知道字母 a 是什么，但是知道 $a+i=0$，因此得到 $a=-i$。

还可以发现其他什么东西吗？通过足够的观察，你可能发现一个序列：从 a 开始，加上 c 得到 b。继续加上 c 的话，将得到 f，k，h，d，c，g，j，e，最终得到 i。（或者也可以从 i 开始，然后重复加上 h，将会得到一组相反顺序的序列。）只有 h 和 c 可以遍历整个数字序列，因此我们知道它们是 -1 和 1，但是不知道分别对应哪个。

知道了这个次序后，我们可以发现大多数剩下的规律：知道了 c 和 h 是 -1 和 1，g 和 k 是 -2 和 2，f 和 j 是 -3 和 3，b 和 e 是 -4 和 4，也就知道了 a 和 i 是 -5 和 5。

c 和 h 中，到底哪个符号代表 $+1$ 呢？

你不能指出来。a 可能是 -5，此时 c 就是 $+1$；a 也可能是 $+5$，此时 c 就是 -1。因为我们唯一的线索是加法，因此绝对没有办法知道哪个是正数，哪个是负数。我们只知道 i 和 j 有相同的正负号，但不知道是正号还是负号。

我们不能确定哪个为正、哪个为负，原因在于整数的加法是**对称的**：可以改变数字的符号，但根据作加法的所有操作的特性，这一改变是不可见的。

用我的字母表示法，可以写一个等式 $a+c=b$，同时知道 $a=5$，$b=4$ 且 $c=-1$：$5+(-1)=4$。然后可以在这个表示中切换所有符号，等式仍然成立：$(-5)+1=-4$。事实上，任何与加法操作有关的等式在符号切换时没有任何不妥。当你看这个 crypto-addition 谜题时，加法的对称性意味着不能指出哪个数字是正数，哪个数字是负数。

这是讲述对称意义的一个简单例子。对称是一种**免疫变换**。如果某事物是对称的，意味着你在该事物上可以做一些操作，同时，你可以在其上执行某种变换，但是从结果上看不出执行过任何变换操作。

执行某种运算的值形成的集合的基本思想就是所谓的**群论**概念的核心。群论都是关于对称性的，各种对称性都可以使用群来描述。

在上文中我们看到的例子准确来说是一个群，它是一种封闭运算的值的集合。为了规范化，群是一个二元组（S，$+$），其中 S 是值的集合，$+$ 是一种二元运算，具有如下属性：

- **封闭性**：对于任意两个值 a，$b \in S$，有 $a+b \in S$。
- **结合律**：对于任意三个值 a，b，$c \in S$，有 $a+(b+c)=(a+b)+c$。
- **零元**：存在 $0 \in S$，对任意 $s \in S$，有 $0+s=s+0=s$。
- **逆元**：对于任意 $a \in S$，存在 $b \in S$，使得 $a+b=b+a=0$。b 称为 a 的逆元素。

如果一个运算满足以上法则，则是一个群。当某事物是一个群时，存在一个与群运算符相关联的转换，在群的结构中是不可检测的。准确地说，转换依赖于特定的值和与群关联的运算。为了方便，涉及群的时候，我们一般使用一个加号来表示群运算，当然这并不意味着仅仅是加法运算：群运算是满足以上所描述的属性的任意操作。我们将看到几个使用不同运算形成群的例子。

在群中讨论对称性时，是指群内的运算产生的影响是不可见的。“群内”是重要的：当使用的运算不是群运算时，改变是可以被检测到的。比如，在 crypto-算术谜题中，如果使用乘法，则可以区别出 c 和 h 来：c 乘 b 是 e，c 乘 e 是 b，说明 c 必定是 -1。乘法不是群运算的一部分，所以如果使用它的话，将得不到对称性。

回想镜面对称的直观概念：整数加法群是镜子的数学描述。镜面对称意味着，如果在一个图像上画条直线，则交换左边与右边部分，镜面对称的图像与原始图像没有区别。这是我们在实数加法的群中获取的准确概念。基于数字群的加法，可以形成镜面对称的基本概念：定义一个分隔点（0），它展示了怎样在分开的两侧交换元素不会出现可识别的效果。唯一的区别是我们在讨论整数，而不是图像。稍后我们将看到群定义的对称性，并且将它应用到其他地方，就像应用整数加法的镜面对称到图片上一样。

20.2 不同的对称性

存在许多种对称，而不仅仅是镜面对称。如图 20-1 所示的六边形是一种多重对称。一个六边形有两种不同的镜面对称。除了镜面对称外，它还有一种*旋转*对称：如果将六边形旋转 60°，那么它和旋转之前的六边形没有区别。

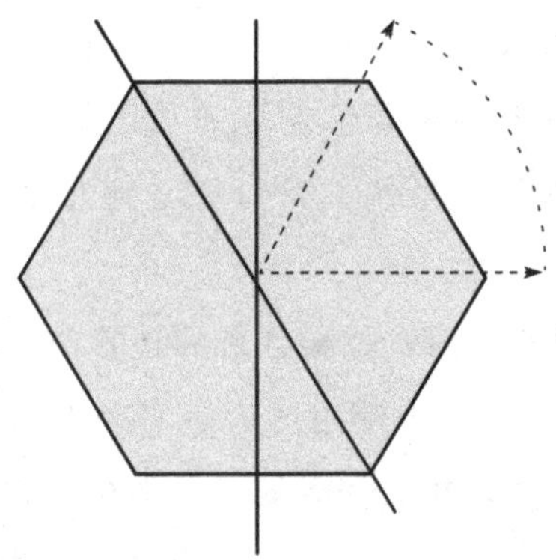

图 20-1 多重对称——六边形：六边形有多重对称，即两种镜面对称和一种旋转对称

所有的变换都可以使用群来描述，只要存在某种方法使得变换没有出现可见的影响。比如，下面所有可能的对称变换都可以通过群来描述。

- **刻度**：刻度对称意味着可以改变某事物的尺寸，但是不会改变事物本身。为了理解这一点，考虑几何学，其中有你感兴趣的图形基本属性——边数、夹角、边长等。如果没有办法在绝对基准上测量尺寸，则边长为 3 英寸[一]的等边三角形与边长为 1 英寸的等边三角形是没有区别的。即可以改变刻度，但是没有可检测的区别。

- **平移**：平移对称意味着移动某物时看不到变化。如果有一个方形网格像画在无限大的图布上，那么在相邻线之间移动任意距离看不到任何变化。
- **旋转**：旋转对称意味着旋转某事物时看不到变化。比如，如果旋转六边形 60°，那么在没有外部标记的情况下，你看不出它是旋转过的。
- **洛伦兹对称**（Lorentz Symmetry）：在物理学中，如果在一个没有加速的航空飞船上有一实验室，则飞船速度不会影响任何实验结果。如果飞船以每小时 1 英里[二]的速度离开地球，此时你正在做实验，那么实验结果将与每小时 1000 英里速度下是一致的。

一组值的集合使用不同的运算来生成群将会有多种对称性。例如，在图 20-2 中至少可以看到 4 个基本的对称性：镜面对称、平移对称、旋转对称、颜色切换对称。

群在数学上解释了什么是对称性。我们已经看到的方法中存在一个大问题：它受限于可以代数描述的事物。我们使用数字和加法定义镜面对称，但是当想到镜面对称时，并不仅仅会想到数字。我们可以想到图片和反射，这些看起来像是对称的事物。我们该怎样使用群对称性的基本思想并且对其扩展，使之在真实世界中也有意义呢？

我们能做的是引入群作用（group action）。群作用允许获取群

[一] 1 英寸＝0.0254 米。
[二] 1 英里＝1609.344 米。

的对称性，并应用到其他地方。为了理解群作用这一概念，以及如何运用群去描述对称性，最容易的途径就是看看称为置换群的东西。

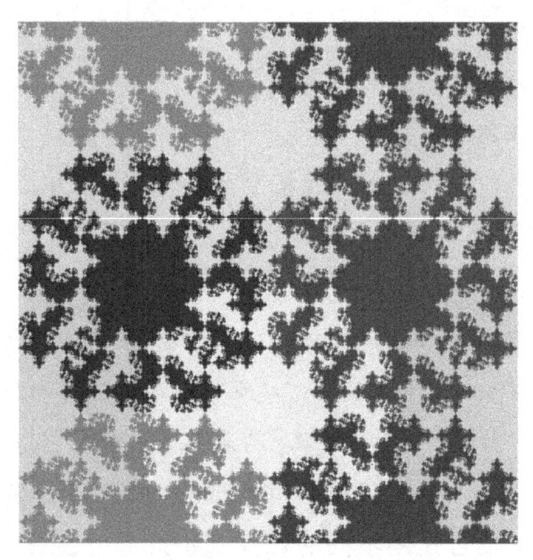

图 20-2 多种对称——一个镶嵌图案：这个镶嵌图案有多个对称，即镜面对称、平移对称、旋转对称、颜色切换对称

我们将讨论置换群正式的数学描述，并且讨论它们是怎样导致群作用的，但在此之前，我们将简要地看看历史，了解群论是怎样发展的。

20.3 走入历史

在群论出现之前，第一次形成对称性的数学概念是在置换群之中。置换群的研究是群论最早的研究。

群论的发展是代数方程研究的一部分。在 19 世纪，数学家痴迷于寻找计算多项式的根的方法。这种痴迷变成了群体运动：人们聚集在礼堂里观看代数学家的比赛，以此角逐出第一个求多项式解的方案。对方程求解的法宝是一个简单的公式，它能用于多项式的求解。

除了有大指数的多项式，他们想要的东西看起来像二次方程。任何学过高中数学的读者都见过二次方程：它告诉你怎样得到任意简单二次多项式的根。如果这个多项式写为 $ax^2+bx+c=0$，则二次方程的根如下：

$$x=\frac{-b\pm\sqrt{b^2-4ac}}{2a}$$

仅仅代入 a、b 和 c 的特定值，做一下代数运算，就可以获得方程的根。不需要有什么技巧，不需要进行多项式处理，不需要因子分解或改写。我们习惯使用它了，所以看起来不是伟大的思想，但是用一个简单机械的过程就得到一个多项式的解是令人惊奇的！

二次方程的解已经问世很久了，记录可以追溯到巴比伦人时期。即使从零开始推导出二次方程的解也是足够容易的，许多高中数学课会教授推导过程。由于求解二次多项式如此容易，你可能觉得求解更高次数的多项式的解也不困难。然而它变得非常困难。二次方程的解在公元前的数百年前就已经出现了，但是三次和四次方程的解直到 16 世纪中期才找到。在 1549 年发现了四次方程的解，后来数百年求解方程的根一直没有进展。

终于，在 19 世纪，两个年轻但是也很不幸的数学家阿贝尔（Neils Henrik Abel，1802—1829）和伽罗瓦（Évariste Galois，1811—1832）同时证明了对于五次方程（5 次幂）没有通用的解。

伽罗瓦是通过认识到在多项式解中存在基本对称性来证明的。通过确定对称性质是什么，他证明了不能导出一个等式来求出五次方程的所有解。他利用这些等式的置换群的性质证明了不可能得到通用解。

阿贝尔和伽罗瓦都是令人惊奇的年轻人，但遗憾的是年纪轻轻就去世了。

作为一个挪威的青年学生，阿贝尔推导出他认为是 5 次多项式方程的解的东西。然后他发现了解中的错误，并且扩展描述了多项式方程的对称性，进而证明了多项式次数高于 4 的方程没有通用解的结论。在游历巴黎期间，他将成果送给了法国数学学院，然后感染了肺结核，并最终死于该疾病。在回家举办婚礼的途中，他因为患肺结核变得虚弱，肺炎越来越严重。他回到家后，临终时收到了一份在柏林某大学教授数学的邀请，但是他从没有听说过它，也从没有收到过对于他工作成就的认可。

伽罗瓦的经历则更加悲惨。伽罗瓦是一个数学神童，他 16 岁就开始发表自己关于连分数的原创数学研究成果。仅仅在一年后，17 岁时他提交了关于多项式对称性的论文。接下来的 3 年内，他写了三篇论文，定义了群论的整个基础框架。就是在这之后的一年，他死于一场决斗。我们对整个情况不是很了解，但是从死亡之前他发出的信件中可以看出，19 世纪有着最伟大数学思想之一的人在 21 岁时死于一场因为情场失意而导致的决斗。

20.4 对称性之源

伽罗瓦和阿贝尔独立地发现了对称性的基本思想。他们均源于对多项式代数问题的研究，并且他们各自发现的多项式的解的理论，实际上是对称性的基本理论。他们理解对称性的方法是一个称为**置换群**的术语。

置换群是对称性的最基本结构：如我们所看到的，置换群是主要的对称群，其他的对称性均由置换群的结构编码得到。

正式地说，置换群的思想很简单：它是一个描述所有可能置换的结构，或者重新排列集合元素的所有可能方法。给定一个对象集合 O，置换是从 O 到其自身的一一映射，该映射定义了集合元素的重排方法。比如，给定一个数字集合 $\{1, 2, 3\}$，一个置换是 $\{1\to2, 2\to3, 3\to1\}$。**置换群**是施加于某集合上的置换的集合，复合运算就是置换群的运算。

再次讨论集合 $\{1, 2, 3\}$，最大置换群的元素是：$\{\{1\to1, 2\to2, 3\to3\}, \{1\to1, 2\to3, 3\to2\}, \{1\to2, 2\to1, 3\to3\}, \{1\to2, 2\to3, 3\to1\}, \{1\to3, 2\to1, 3\to2\}, \{1\to3, 2\to2, 3\to1\}\}$。

为了观察群运算，从集合中取两个值。令 $f=\{1\to2, 2\to3, 3\to1\}$，$g=\{1\to3, 2\to2, 3\to1\}$。函数复合组成的群运算的结果为：$f^{*}g=\{1\to2, 2\to1, 3\to3\}$。

要成为一个群，运算必须有一个单位元。上例置换群的单位元很明显，即为空置换：$I_0=\{1\to1, 2\to2, 3\to3\}$。类似地，群运算也需要逆元素，找到这个值很容易，只需要将箭头反转方向即可：$\{1\to3, 2\to1, 3\to2\}^{-1}=\{3\to1, 1\to2, 2\to3\}$。

当在有 N 个值的集合上考虑置换的时候，结果是基于这些值的最大的置换群。不需要考虑这些值是什么：任何有 N 个值的集合都有相同的置换群。这个典型的群被称为大小为 N 的**对称群**，记为 S_N。对称群是个基本的数学对象：每个有限群都是一个有限对称群的子群，换句话说，每个可能群的任意对称性镶嵌在相应的对称群的结构中。你可以想象到的任意对称性以及想象不到的任意对称性都可以在对称群中找到。对称群表明的是隐藏在表象之下的同一事物的不同反射。如果我们可以在一个群上使用群运算定义一种对称性，然后根据对称群证明这种基本关系，就可以将它应用到其他任意群上，只要在保留对称群基本结构的情况下做一一映射即可。

为了看看如何工作，我们需要定义一个子群。设有一个群（G，+），它的一个子群是（H，+），其中 H 是 G 的一个子集。在英语中，子群是某群的值的一个子集，它与该群有相同的群运算，同时满足群所需的性质。

例如，对于由实数和加法运算组成的群，由整数和加法组成的集合是它的子群。我们可以证明有加法的整数是一个群，因为它满足必要的性质：两个任意整数相加得到一个整数，意味着它对加法是封闭的；一个整数的逆元素是整数，等等。可以证明剩下的其他两个性质，当然也是满足的。

最后，我们准备得出群的普遍对称性。正如之前所讨论的，群定义了部分对称性，满足变换对外透明。为某个特定值集合准确定义，指出群运算，并且证明它满足各种性质，需要大量的工作。我们不想非得给具有对称性的所有值集合定义群和群运算。我们想做的是用最简单的群得到一种对称性的基本思想，然后扩展这种对称性，并且使用群去定义这种对称性。为了做到这点，我们需要能够描述将用群定义的对称性应用到值的集合意味着什么。

我们把应用群 G 定义的对称变换所产生的集合变换称为群 G 的群作用。

假设在集合 A 上应用群 G 进行对称变换。我们能够做的是获取集合 A，并且在 A 上定义对称群 S_A。然后从群 G 到 S_A 定义一个称为同态的特定类型的严格映射。同态是 G 在集合 A 上的作用。在下面的群作用定义中，基本的约束是作用需要维持对称群的结构。正式术语如下：

如果（G，+）是一个群，A 是一个集合，则 G 在 A 上的群作用是如下函数 f：

1. $\forall g \in G$：$\forall a \in A$：$f(g+h, a)=f(g, f(h, a))$

2. $\forall a \in A$：$f(1_{G'}, a)=a$

也就是说，如果有一个定义了对称性的群和一个想在其上应用对称变换的集合，那么存在一个从群元素到集合元素的映射方法，可以将对称群的运算施加到映射上去。群作用就是群运算通过映射的一个应用。

我们用图示来看看效果。在图 20-3 中，可以看到一个镜面对称图像。镜面对称由带有加法的整数群描述。我们使用群作用展示图像的对称性，将图像分为行。在每行中，指定方块与整数之间的映射。显然，结果是整数的一个子群。

为了从群作用的角度看对称性，按列划分，并且将列映射到整数。图像的对称性实际上就是映射整数的对称性。为了在图像上展示，我拉出一行来，并且在方块上写下映射。

通过在所有对称性结构中挖掘深层次的关系，我们能使用群作用将任意群的对称性应用到由其他值组成的任意群中。令人惊奇的是，我们能想象的所有对称性实际上都是相同的东西。从镜面到相对论，都是简单而美丽的相同事物。

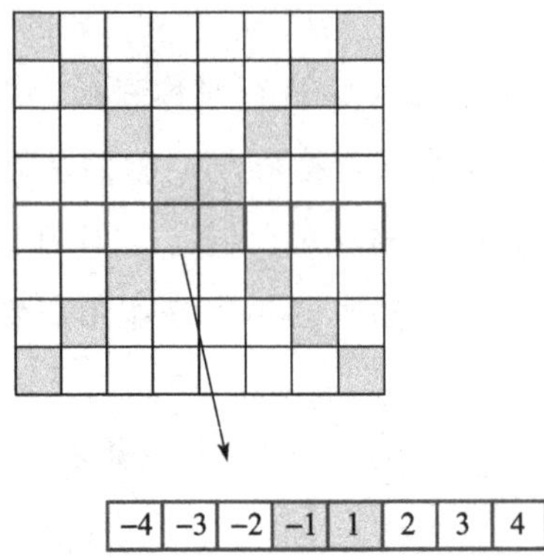

图 20-3 群到集合的映射：通过显示群作用的映射，说明整数对称性和一个简单位图图像的镜面对称之间的关系

Good Math

第六部分

机械化数学

我最喜欢的一个数学领域显然是我赖以谋生的领域。我是一个计算机科学家，致力于编写软件。准确来说，作为一名研究人员和工程师，我在几个不同的公司工作过，主要编写其他人编程需要的软件，如编程语言、编译器、开发工具以及构建系统。

那么，我谈论的是什么数学领域呢？*计算*。计算是数学的一个分支，它研究机器能做的各类事情。在第一台真正的机械计算设备被制造出来之前的很长时间，数学家和逻辑学家就已经建立了计算机科学领域的基石。他们设计了理论上的机器、计算系统和逻辑，并且研究了利用这些理论结构可以做什么。除了作为我们使用的机器的理论模型外，计算理论也是编程语言的基石，这些都是让我着迷的地方。

这一部分将介绍这些人创造的机械方面的奇迹，并且介绍如何理解机器可以做的事情，他们告诉我们的不仅仅是机器，而是关于我们所生活的世界的信息。

我们将从不同的计算装置开始介绍。从简单机器开始，它是如此简单以至于都不被注意，但是每天全世界的程序员都在使用它。然后我们将跳到图灵机，它是机器的基础理论之一，而且被用来研究有限计算。为了轻松愉快一点，我们将简单地介绍一种称为 P″（读为“P prime-prime”）的机器变种，它被曾经出现过的一种最轻量级的编程语言所实现。

最后，我们将以 λ 演算结束本部分内容。λ 演算是另外一个基础理论模型，它比机器更难理解，因为相对来说它没有那么具体，但是在实际中却被广泛使用。我每天都使用它！在我的工作中，使用编程语言 Scala，而 Scala 就是 λ 演算的一种极富想象力的语法。

第21章

Good Math

有限状态机：从简单机器开始

当数学家和计算机科学家试图描述计算的时候，他们从非常简单的机器开始，然后逐渐增加它们的能力，创造了不同种类的、有不同能力限制的机器，直到建造出最复杂的机器。

我们不会详细地介绍所有可能种类的计算设备，那将需要比本书长得多的篇幅。相反，我们从限制的角度介绍两种类型的机器：最简单的机器和最强大复杂的机器。

我们将从最简单的计算机器开始来介绍计算，它非常有用。这种类型的机器叫作*有限状态机*（或者简写为FSM）。在正式的书面语中，它有时被称为*有限状态自动机*。有限状态机的计算能力限制在扫描一些简单的字符串模式上。当你发现它们是那么简单的时候，可能会非常难以想象它们会如此有用。事实上，你使用过的任何一台电脑都只是一个非常复杂的有限状态机。

21.1 最简单的机器

有限状态机的能力非常有限。它们不能计数，也不能识别深层的或者嵌套的模式。某种意义上来说，它们没有计算能力。但是，它们仍然非常有用。每一种现代编程语言中都有有限状态机，它由一个库提供或者由正则表达式构成。

我们来看看机器是怎么工作的。事实上，一个有限状态机只做一件事情：它观察一个字符串，然后判断这个字符串是否符合某种模式。为了做到这一点，这台机器有一小段由每个初始状态值组成的状态，称为机器的状态。当执行一个计算的时候，FSM 每次只能观察输入的一个字符。它不能偷看将要出现的字符，也不能查看已经出现过的字符，不能推测是怎么从过去的状态到达当前的状态的。它只是有序地遍历输入的字符串，每次观察一个字符，然后回答“是”或者“不是”。

我们做一个练习。

一个 FSM 处理一个特定字母表里面的字符串。例如，在大多数的编程语言中，能定义处理 ASCII 字符或 Unicode 编码的正则表达式。

机器本身包含：

- 一个**状态**集合 S。
- 一个特殊的状态 i，它属于 S，称为**初始状态**。无论什么时候，当试图使用一个有限状态机来处理一个字符串时，机器都会从该状态开始。
- 一个 S 的子集 f——它们是机器的**终止状态**。处理了输入字符串中的所有字符之后，如果机器状态处于这个集合中的某个状态，那么机器的答案将是“是”，否则它将是“否”。
- 最后，有一个 t，它是机器的**转移关系**——转移关系定义了机器运行的原理。它将机器状态和输入字符映射到目标状态。它运转的方式是：如果有一个关系 $(a, x) \rightarrow b$，就意味着当机器处于状态 a 且看到输入字符 x 时，它会转换到状态 b。

机器从状态 i 开始观察输入字符串，对输入字符串序列中的每一个符号，它做一次转移，消耗掉那个字符。当机器处理完输入字符串的每个字符时，如果最终处于集合 f 里面的某一个状态，那么它就接受那个字符串。

例如，我们可创建一个机器，它接受这样的字符串：字符串里至少有一个 a，a 的后面至少有一个 b。

- 机器的字符表由字符 a 和 b 组成。
- 机器有 4 个状态：{0，A，B，Err}。其中，0 是初始状态，B 是唯一的终止状态。
- AB 有限状态机的状态转移关系如下表所示。

当前状态	字　符	到达状态
0	a	A
0	b	Err
A	a	A
A	b	B
B	a	Err
B	b	B
Err	a	Err
Err	b	Err

通常情况下，我们不会像那样写出一张表来；我们能够画出这台机器。正在讨论的机器如图 21-1 所示。每个状态使用一个椭圆表示；初始状态使用箭头标示出来；终止状态使用双线或者加粗来标示；转移关系使用带标记的箭头表示。

让我们尝试遍历两个字符串来看看它是怎么工作的。

- 假设输入字符串是 $aaabb$。

  1. 机器从状态 0 开始。

  2. 它处理字符串中的第一个字符 a，根据转移关系，状态从 0

转移到 A。

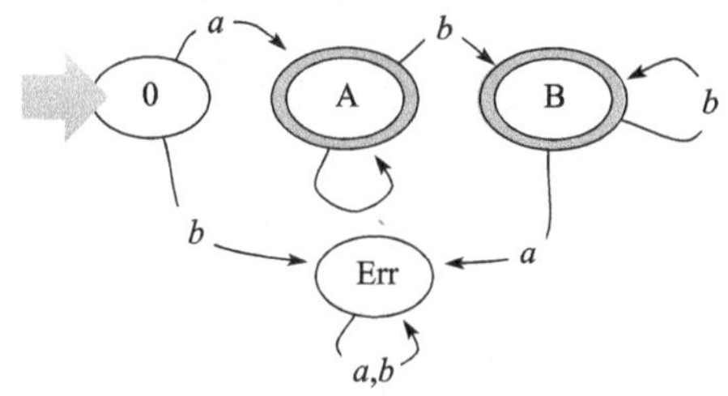

图 21-1　AB 有限状态机

3. 剩下的输入是 $aabb$，对于 a，状态从 A 转移到 A。
4. 剩下的输入是 abb，所以现在机器处理下一个 a，它继续执行上一步的操作，所以它最终保持状态 A。
5. 剩下的输入是 bb，它处理一个 b，根据转移关系，状态从 A 转移到 B。
6. 现在剩下的输入只有一个 b，它处理最后一个 b，根据转移关系，状态从 B 转移到 B。
7. 现在没有输入字符串了。机器处于状态 B，这是一个终止状态，所以机器接受了这个字符串。

■ 假设输入是 $baab$。
  1. 机器从状态 0 开始。
  2. 它处理第一个字符 b，然后状态转移到 Err。
  3. 剩下的字符串每次处理一个，但是这台机器从 Err 开始的所有转移关系都会回到 Err：这是一个死循环。直到它处理完所有的字符，机器仍然处于 Err 状态，而这不是一个最终状态，所以机器不会接受这个字符串。

■ 假设输入是一个空的字符串。

1. 机器从状态 0 开始。
2. 因为输入中没有字符，机器将不会执行任何状态转移，所以它最终处于状态 0。因为状态 0 不是终止状态，所以机器不会接受空的字符串。

到了这里你会发现它的确是一个简单的机器，好像做不了什么事情。然而，理论上任何能以固定的、有限的状态执行的计算都可以用这个简单的机器来实现。任何在我正使用的电脑上可以做的事情都可以用一个有限状态机来实现。它有数量庞大的状态，而且有一个非常复杂的状态转移函数，但是它是可行的。

21.2 实际使用的有限状态机

有限状态机非常伟大，但是如果想在一个现实的程序中使用像有限状态机的东西，你大概不会把整个转移关系都刻画出来并且将它们都写在代码里。当我们实际使用一个 FSM 处理的语言时，转移关系包含上百种关系。把它们都正确地写出来是很困难的。幸运的是，我们不需要这么做。有另一种方法写一个有限状态机：正则表达式。如果你是一个程序员，那么几乎一定已经对正则表达式很熟悉了：它们在真实的程序中无处不在，而且它们也是我们使用 FSM 的方式。

正则表达式并不是写有限状态机的唯一方式。它们是一种语法，是用来刻画有限状态机接受的语言的语法。给定一个正则表达式，可以将它翻译成很多可能的有限状态机，但是它们将最终做同样的事情。这就是编程语言处理正则表达式的原理：程序员写下一个正则表达式，并且将它传递给一个正则表达式库中的编译器，然后正则表达式库将正则表达式翻译成 FSM，进而它们使用 FSM 处理输入字符串。

我们将会看到一个正则表达式的最简单的版本。在大多数的正则表达式库里，它们有很多选项来描述如何写我们将要遍历的东西。那是没有问题的，因为这些高级正则表达式语法的额外特征只是我们将要使用的简单语法的简写。对我们来说，简单的语法更容易讨论，因为不需要去考虑如此多的选项。在语法中，一个正则表达式包括：

- **文字符号**：一个文字就是字母表里的一个符号，例如 a。一个文字符号精确地匹配这个字符。
- **连接**：如果 R 和 S 是正则表达式，那么 RS 也是一个正则表达式。与 RS 匹配的语言是在 R 匹配的字符串后面拼接 S 匹配的字符串。
- **选择**：描述一个选择。如果 R 和 S 是正则表达式，那么 $R|S$ 也是一个正则表达式，它匹配 R 或者 S 匹配的表达式。
- **重复**（又名 Kleene 闭包）：如果 R 是一个正则表达式，那么 R^* 也是一个正则表达式。R^* 匹配由 R 连接的 0 个或者多个字符串序列。

作为一个简写，也可以写作 R^+，它和 RR^* 的含义一致，它匹配的内容至少重复一次 R。

还可以使用括号来组合表达式，以便在较多的选项之间更容易地编写选择。

下面是正则表达式的一些例子：

$(a|b|c|d)^*$　由字符 a、b、c 和 d 组成的任意长度的任意字符串，所以它匹配像 $abcd$、$aaaa$、ab、$dabcbad$ 这样的字符串。

$(a|b)^*(c|d)^*$ 一个任意长度的由 a 和 b 组成的字符串，紧随其后的是一个任意长度的由 c 和 d 组成的字符串。所以它匹配像 *ababbbbacdcdcccc*、*ab*、*b*、*c*、*cdcdddcc*、*ddcc* 这样的字符串。

$(ab)^+(c|d)^*$ 一个字符串，它有任意数量的 *ab* 的重复，紧随其后的是任意数量的 c 或者 d。它匹配 *abababababcccd*、*abcc*、*ab* 等。

$a^+b^*(cd)^*(e|f)$ 字符串至少包含一个 a，紧随其后的是任意数量的 b（包括 0 个），再随后是任意重复数量的 *cd*，再随后是一个 e 或者一个 f。

当观察有限状态机和正则表达式并考虑它们工作方式的时候，它们看起来是如此简单，以至于它们不应该太有用，但是事实上根本不是这样。添加让程序员使用的正则表达式的库是任何语言设计者增加新语言首先要做的第一件事情，因为没有人会使用没有正则表达式库的语言。

正则表达式让程序员的生活更加容易。在真实的代码中，我们总是需要基于某种模式来分解字符串，而正则表达式让它变得很简单。例如，我过去从事的一个项目刻画了如何构造包含很多组件的复杂软件系统。系统的一个基本组件称为一个目标。目标是一个字符串，它描述系统里面的一个组件，形式就是一个文件夹名字的序列，紧随其后的是一个文件名字，它包含了 build 目录，其后是那个文件中一个特定文件夹的名字，比如“code/editor/buffer/BUILD：interface”。我一直需要做的事情之一就是获取一个目标，并将它分解成三个部分：文件路径、文件名和目标名。所以我设置一个正则表达式：“(.*)+/([A-Za-z]+)：[A-Za-z]+)”。匹配“.*”的字符串部分是文件夹路径；第二个括弧中的部分是文件名，最后一个括弧中的部分是目标名字。这是使用正则表达式的典型场景，没有一个程序员能离开这个功能。

21.3 跨越鸿沟：从正则表达式到机器

之前我说过，当在编程语言中实现正则表达式库时，它们工作的方式是把正则表达式转换为有限状态机，然后使用生成的 FSM 来处理输入字符串。

将正则表达式转换成有限状态机的过程是有趣的。有好几种方法可以将一个正则表达式转换为一个 FSM。它不是一个一对一的转换。根据选择的方法，对于同一个正则表达式，可以最终得到不同的 FSM。(事实上，理论上说，每个正则表达式都有无限个不同的有限状态机!）幸运的是，这并没有关系，因为所有你能生成的不同的 FSM 会处理完全相同的语言，并且会使用完全相同的时间。我们将使用一个方法，我认为它最容易理解，称之为 Brzozowksi 导数，或者简单地说是正则表达式的导数。

导数的思想是，你观察一个正则表达式，然后问：“如果我给这个正则表达式一个输入字符，那么这个字符之后它会接受什么?”

正式地说，假设 $S(r)$是正则表达式 r 接受的字符串集合。那么如果有一个正则表达式 r 和一个字符 c，r 关于 c 的导数（记作 $D_c(r)$）是一个正则表达式 r'，满足 $t \in S(r')$当且仅当 $ct \in S(r)$。

例如，如果有一个正则表达式 ab^*，那么关于 a 的导数就是 b^*。

如果知道了怎么计算一个正则表达式的导数，那么对一个正则表达式的转换，就能做如下的事情：

1. 创建一个初始状态，使用完全正则表达式 r 标记。

2. 这时机器里面还有状态 r_i 没有被处理：

a. 对于字母表中的每个字符 c，计算导数 r_i'。

b. 如果机器里面已经存在一个状态 r_i'，那么添加一个从 r_i 到 r_i' 的转换，并且使用字符 c 标记。

c. 如果机器里面不存在状态 r_i'，那么就添加它，并且添加一个从 r_i 到 r_i' 的转换，使用字符 c 标记。

3. 对于机器里每个使用正则表达式标记的状态 r，标记它为一个终止状态，当且仅当 r 能匹配一个空字符串。

计算导数是复杂的，不是因为它很难，而是因为有太多的情况需要考虑。我认为理解这个过程最简单的方式就是学习它的一个实现。我们将仔细介绍这个过程，并且在 Haskell 中计算。

首先，需要声明如何表示正则表达式。Haskell 代码非常直接，正则表达式的定义和之前介绍的方式是完全一样的：它是一个特定的字符、多个正则表达式之间的一个选择、一个正则表达式序列或者一个重复。对于 Haskell，我们将添加两个使实现导数更简单的选择：VoidRE，它是一个不会匹配任何内容的正则表达式；Empty，它是一个只匹配空字符串的正则表达式。

computing/deriv.hs

```
data Regexp = CharRE Char
            | ChoiceRE Regexp Regexp
            | SeqRE Rexexp Regexp
            | StarRE Regexp
            | VoidRE
            | EmptyRE
            deriving (Eq, Show)
```

为了计算一个正则表达式的导数，需要测试是否有一个给定的正则表达式能够接受空字符串。根据约定，我们称这个函数为 delta。

computing/deriv.hs

```
delta :: Regexp -> Bool
❶ delta (CharRE c) = False
❷ delta (ChoiceRE re_one re_two) =
    (delta re_one) || (delta re_two)
❸ delta (SeqRE re_one re_two) =
    (delta re_one) && (delta re_two)
❹ delta (StarRE r) = True
❺ delta VoidRE = False
❻ delta EmptyRE = True
```

❶一个只匹配一个特定字符的正则表达式不能匹配空字符串。

❷两个正则表达式间的一个选择可以匹配一个空字符串，如果其中一个（或者两个）可以匹配一个空字符串。

❸一个紧随着另一个正则表达式的正则表达式可以匹配一个空字符串，前提是两个正则表达式都可以匹配空字符串。

❹一个带星的正则表达式匹配零个或者一个的重复模式。零重复是空字符串，所以任意带星的正则表达式都能够匹配空字符串。

❺无效正则表达式不会匹配任何内容，所以它不能匹配空字符串。

❻根据定义，空正则表达式匹配空字符串。

撇开 delta，最终可看看导数是如何工作的！

computing/deriv.hs

```
derivative :: Regexp -> Char -> Regexp
❶ derivative (CharRE c) d =
  if c == d
    then EmptyRE
    else VoidRE
```

```
❷ derivative (SeqRE re_one re_two)) c =
    let re_one' = (derivative re_one c)
    in case re_one' of
      VoidRE -> VoidRE
      EmptyRE -> re_two
      _ -> if (delta re_one)
             then (ChoiceRE (SeqRE re_one' re_two)
                    (derivative re_two c))
             else (SeqRE re_one' re_two)
❸ derivative (ChoiceRE re_one re_two) c =
    let re_one' = (derivative re_one)
        re_two' = (derivative re_two)
    in case (re_one', re_two') of
      (VoidRE, VoidRE) -> VoidRE
      (VoidRE, nonvoid) -> nonvoid
      (nonvoid, VoidRE) -> nonvoid
      _ -> (ChoiceRE re_one' re_two')
❹ derivative (StarRE r) c =
    let r' = derivative r c
    in case r' of
       EmptyRE -> (StarRE r)
       VoidRE -> VoidRE
       _ -> (SeqRE r' (StarRE r))
❺ derivative VoidRE c = VoidRE
  derivative EmptyRE c = VoidRE
```

❶一个单字符模式 CharRE c（如果 $k=c$）关于字符 k 的导数是空，因为正则表达式匹配了这个字符；否则它是一个表示失败的值，我们称之为*无效*（void），因为匹配失败了。

❷一个序列的导数是最难理解的，因为存在很多细微的情况。我们从讨论第一个正则表达式的导数开始。如果它是无效的，这就意味着它没有可能的匹配，那么序列就不能匹配，所以序列的导数是无效的。如果第一个正则表达式的导数是空，那么它定义了匹配，正则表达式的导数是第二个正则表达式。如果第一个正则表达式的导数既不是空的也不是无效的，那么就有两种细微的可能：更明显的一个可能是序列的导数将是第一个正则表达式的

导数紧随着第二个正则表达式。但是如果第一个正则表达式可以匹配空字符串，那么也需要考虑第一个正则表达式匹配空字符串的情况。

❸这种情况很简单：一个选择的导数是两个选择的导数间的一个选择。

❹一个带星的正则表达式基本上就是在空字符串或者一个序列之间的一个选择，这个序列包含带星表达式的一个实例，后面紧随着这个星。这很难用英语来刻画，但是如果我们把它写成正则表达式，则 $R^*=\text{empty}|(R(R^*))$。

❺空和无效不能匹配一个字符，所以它们关于任意字符的导数一定是无效的。

我们试着介绍这个过程的一个例子。我们将从图 21-1 的 AB 有限状态机的一个正则表达式 aa^*b^* 开始介绍。

1. 机器的初始状态使用一个完整的正则表达式标示。

2. 从初始状态开始，需要考虑两个导数，一个关于 a，另外一个关于 b：

a. 关于 a 的导数是 a^*b^*，所以添加一个状态表示这个正则表达式，并且利用标有 a 的弧连接初始状态和它。

b. 关于 b 的导数是无效的，因为正则表达式不允许从 b 开始的字符串，所以我们给这台机器添加一个 void 状态，以及一个标记为 b 的弧（从初始状态到无效状态）。

3. 现在需要查看状态 a^*b^*。

a. 这个正则表达式关于 a 的导数是它自身。我们不需要添加新的状态，因为已经有了这个状态。我们只是需要从这个状态到它自身添加一段弧，标记为 a。

b. 这个正则表达式关于 b 的导数是 b^*，所以我们添加一个新的状态到这台机器，并且从当前状态到新的状态添加一段弧，标记为 b。

4. 移到状态 b^*。原理如上，我们将得到一段标记为 a 的弧连接到无效，并且得到一段标记为 b 的弧连接到它自己。

5. 最终，我们需要推敲出哪个状态是终止状态。为了达到这个目的，需要为每个状态计算 delta：

a. delta(aa^*b^*) 返回假，所以状态 aa^*b^* 不是终止状态。

b. delta(a^*b^*) 返回真，所以它是终止状态。

c. delta(b^*) 返回真，所以它是终止状态。

d. delta(void) 返回假，所以它不是终止状态。

这个结果是一个机器，和我们之前在图里面画的机器是完全一样的，除了状态名字不一样。

一旦能计算正则表达式的导数，就很容易生成一个 FSM，并且生成的 FSM 是一个非常有效的处理字符串的方式。事实上，甚至能利用它实现一个轻量的正则表达式匹配器，它不需要提前把完整的有限状态机生成出来！对于每个输入字符，只需要使用那个表达式的导数即可。如果它不是一个无效的表达式，则继续处理下一个字符，使用导数去处理剩下的字符串。当到达输入结束位置时，如果最终的导数正则表达式的 delta 是空的，那么就接受这个字符串。

如果你更加智能地实现它，也就是说，做一些记录导数函数之类的事情，从而不会每次都需要重复计算导数，那么最终将变成一种合理有效的方式来处理正则表达式。（记忆是一个技术：存储一个函数的每个调用结果，这样如果使用相同的输入重复调用它，它就不需要重复计算，而只是返回最后一次相同输入调用的结果。）

这就是有限状态机，一类最简单的计算机器。它实际上是非常有用的一类机器，并且作为机器如何工作的一个例子，它也是非常有趣的。

当考虑我们每天使用的计算机时，我们通常会说它们比有限状态机更加强大。但是事实上，那不是真的。为了比一个有限状态机更加强大，一台机器需要有一个无限大小（或者至少无限制）的存储，但是我们使用的计算机明显是有限的。它看起来是琐碎的，这是计算机的事实：由于每台实际的计算机只有一些有限的存储，因此它们实际上都是有限状态机。作为有限状态机，它们非常巨大：在不考虑硬件存储的情况下，我正在用来写这本书的机器有$2^{32\,000\,000\,000}$种可能的状态！因为它们有巨大的存储，所以它们是非常疯狂的复杂有限状态机。我们通常不会觉得它们是不能理解的大型有限状态机，因为就像宇宙里的尘埃一样，我们知道我们不能理解一台有更多可能状态的有限状态机！相反，我们认为它们是一个更加强大的计算机器的有限制的例子（就像下一章将要介绍的图灵机一样），它利用一个无限容量大小的存储实现了一个可理解的有限状态机。

第22章

Good Math

图 灵 机

艾伦·图灵（Alan Turing，1912—1954）是历史上最伟大的数学家之一。图灵是一个了不起的人，曾致力于各种领域的研究工作，其中包括数学逻辑。他在计算领域中最为出名的一项核心工作是设计了一个机械式计算模型，随后为了纪念他该模型被命名为图灵机（Turing machine）。

图灵机并不是一个真实的计算机模型。从实用角度看，我用来撰写这本书的电脑与图灵机没有任何关系。作为一个真实设备，图灵机非常糟糕。但是，从来没有打算把它做成一个真实的机器。

图灵机是关于计算的一个数学模型而不是计算机模型。这是一个非常重要的区别。图灵机是一个非常容易理解的计算设备模型。它肯定不是最简单的模型，还有更为简单的计算设备（例如称为规则 111 的细胞自动机无疑更为简单），但是正是由于它们的简单性使得它们难以理解。图灵机兼顾了简单性和可理解性，在我看来这二者并不是等价的。

图灵机如此重要的原因在于这样的事实：从理论上来说，你经常谈论的计算和机器本身是无关的。机器设备能做什么是有界限的。目前有非常多的机器，但是最终它们都没能跨越这一界限。任何为了理解计算且接近这一界限的机器和任何其他机器几乎都是一样的。当我们谈论研究计算时，往往谈论的是可以被一个机器解决的一类事情，当然并不是一个特定的机器而是任意的可想象得到的机器。这样选择机器的目的是使某些事情最容易理解。这也是图灵机最为显著的地方：人们非常容易理解它在干什么；它也非常容易用来做实验；它也非常容易用于证明。

22.1 添加磁带让一切都变得不同

我们退一步问，图灵机究竟是什么？

图灵机仅仅是有限状态机的一个扩展。正如 FSM 一样，图灵机也拥有一个有限状态集合以及状态关系，这些关系定义了在给定输入的情况下状态如何转移。区别在于图灵机的输入来自于一条磁带，并且机器本身既可以读磁带上的符号，又可以在磁带上写符号，如图 22-1 所示。

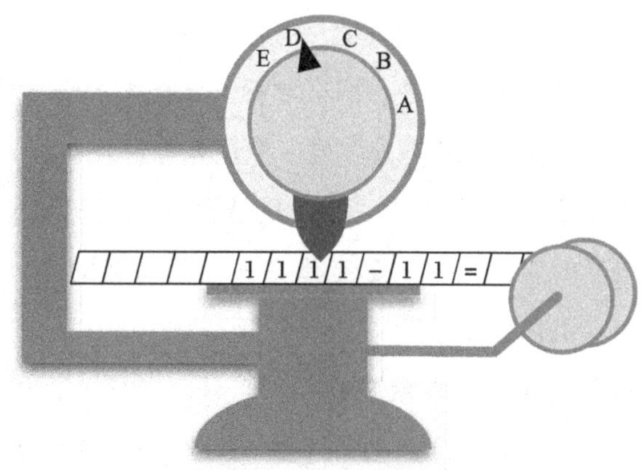

图 22-1 图灵机：图灵机是一个可以读和写一条磁带的有限状态机

图灵机的基本思想是很简单的。以有限状态机为例。在有限状态机中，我们直接输入串到机器中，但是在图灵机中，我们将输入写在一条磁带上。这个磁带分成许多单元格，每个单元格包含一个字符。为了使用这个磁带，机器拥有一个*磁头*（用于指向某一个单元格），同时它可以在磁带上读或者写符号。像有限状态机一样，图灵机也会寻找输入符号并决定做什么事情。在 FSM 中，它唯一能做的事情是改变状态并继续处理下一个输入符号。但是对图灵机而言，因为它拥有磁带，所以可以做更多的事情。每动一步，它都会在磁头的指示下寻找磁带中的单元格，并且基于它的状态和当前单元格的内容，它可以改变状态，改变磁带上的当前符号，并向左或向右移动磁头。

以上就是构建图灵机的所有过程了。为了使计算看起来更令人信服，往往会给它一个非常复杂的解释，但事实上所有的一切就是：有磁带的有限状态机。之所以可以这么简单，原因在于它本身就是这么简单。但是这里有一个很重要的事实是，如果你有一个机械性重复完成的任务，那么它就一定能被一个图灵机完成。我们现在来看如何将这些碎片拼成一个计算机。

为了真正了解这样平凡的一个机器是如何进行计算工作的，审视一下机器的正式定义及其工作方式是很有帮助的。在正式的模型下，图灵机包含如下组件：

- **状态**：图灵机包含一个**状态**集合。在任何时间，机器都处于某种状态下。它在磁带上找到一个特定符号的行为取决于它当前的状态值。我们用 S 表示状态集。

  此外，还可以把状态看作是一个小的、规模固定的数据集，机器可以用这些数据做决定。但是对于图灵机而言，我们始终将其视为一个特定的状态集。（很快你们便可以看到我说的是什么意思了。）

有一个特定的状态，称为**初始状态**。当机器开始运行的时候，在它开始检查磁带或做任何事情之前，它处于初始状态。

为了告诉机器何时结束运行，还存在另外一个特定的状态，称为**停机状态**。当机器进入停机状态时，它便停止运行，此时不管磁带上是什么值，都将作为本次计算的结果。

- **字母表**：每个机器都有一簇它能从磁带上读取和写入的符号。我们称这个集合为机器的**字母表**。
- **转移函数**：这是一个用于描述机器行为的核心元素。正式地讲，它定义了一个从当前磁带单元格中的字母表字符与机器的状态到机器该采取什么行为的函数。这里的行为指定了机器的一个新的状态值、写入到当前磁带单元格的字符以及移动磁头的方向是向左还是向右。

例如，我们看一个经典的但相当简单的图灵机：用一进制数做减法。一个一进制数 N 用 N 个 1 表示。例如，在一进制表示法中，数字 4 被写为 1111。

我们给机器一个磁带，这个磁带包含了两个将要做减法的数 M 和 N，记为字符串“$N-M=$”。当机器停机时，磁带将会包含 N 减去 M 的值。例如，如果输入磁带包含符号“1111－11＝”（或十进制表示为 4－2），那么输出值将会是 11（或十进制的 2）。

字母表包括字符“1”“ ”（空格）“－”（减号）和“＝”

（等号）。

机器拥有四个状态：*扫描右方*，*擦除*，*减一*，*跳过*。机器从*扫描右方*状态开始。它的转移函数定义如下表所示。

起始状态	符号	达到状态	写入字符	方向
扫描右方	空格	扫描右方	空格	右
扫描右方	1	扫描右方	1	右
扫描右方	减法	扫描右方	减法	右
扫描右方	相等	擦除	空格	左
擦除	1	减一	相等	左
擦除	减法	停机	空格	不可用
减一	1	减一	1	左
减一	减法	跳过	减法	左
跳过	空格	跳过	空格	左
跳过	1	扫描右方	空格	右

机器的运行方式是一直往右移，直到看到等号为止；擦除等号并往左移，擦除第二个数字并用等号代替（因此第二个数字被减一，且等号被挪开一个位置）。随后，它往回扫描到减号（隔开两个数字），擦除第一个数字的一位，转回在右方扫描等号。

因此，机器一次将从两个数字中的一个擦除一位。当到达等号时，它就回去并从第二个数字中擦除一位；如果在它找到第二个数字中的一位以前就遇到了“－”符号，那么就知道结束了，从而停止运行。如果我们追踪机器如何处理一个指定的输入串，那么将变得更容易理解。在追踪过程中，我们用冒号来表示机器的状态，磁带内容用 [] （中括号）括起来，磁带上的当前单元格内容用 {} （大括号）括起来。

状态	磁带	状态	磁带
扫描右方	[{1}1111111−111=]	扫描右方	[1111111−11{=}]
扫描右方	[1{1}111111−111=]	擦除	[1111111−1{1}]
扫描右方	[11{1}11111−111=]	减一	[1111111−{1}=]
扫描右方	[111{1}1111−111=]	减一	[1111111{−}1=]
扫描右方	[1111{1}111−111=]	跳过	[1111111{}−1=]
扫描右方	[11111{1}11−111=]	跳过	[111111{1}−1=]
扫描右方	[111111{1}1−111=]	扫描右方	[111111{}−1=]
扫描右方	[1111111{1}−111=]	扫描右方	[111111{−}1=]
扫描右方	[11111111{−}111=]	扫描右方	[111111−{1}=]
扫描右方	[11111111−{1}11=]	扫描右方	[111111−1{=}]
扫描右方	[11111111−1{1}1=]	擦除	[111111−{1}]
扫描右方	[11111111−11{1}=]	减一	[111111{−}=]
扫描右方	[11111111−111{=}]	跳过	[111111{}−=]
擦除	[11111111−11{1}]	跳过	[111111{}−=]
减一	[11111111−1{1}=]	跳过	[11111{1}−=]
减一	[11111111−{1}1=]	扫描右方	[11111{}−=]
减一	[11111111{−}11=]	扫描右方	[11111{}−=]
跳过	[1111111{1}−11=]	扫描右方	[11111{−}=]
扫描右方	[1111111{−}11=]	扫描右方	[11111−{=}]
扫描右方	[1111111−{1}1=]	擦除	[11111{−}]
扫描右方	[1111111−1{1}=]	停机	[11111{}−]

结果是11111（即十进制5）。看，正确了！

理解这个例子的一件很重要的事情是我们并没有一个程序。我们仅仅定义了一个做减法的图灵机。这个机器没有任何指令：把状态和转移函数内置到这个机器中。这个特定的图灵机唯一能做的事情是从一个数里减去另外一个数。如果想要做两个数的加法或乘法，就必须建立其他机器。

22.2 变元：模仿机器的机器

如上所述，图灵机是非常好的，但是它也是非常受限制的。如果图灵的工作仅仅是发明了这样一个机器，那么它会很酷，但肯定不是杰出的。图灵真正的天才在于他实现了可以模仿自己的一类机器。图灵设计了一个图灵机，它的输入磁带包含了描述另一个图灵机的内容，我们称这样的图灵机为一个程序。现在称这样的机器为通用图灵机，它能模拟其他任意的图灵机，因此它可以作为程序来执行任意的计算。

以上便是计算机的基本思想了，它告诉了我们计算机程序究竟是什么。通用图灵机（或简写为 UTM）并不仅仅是一个计算的机器：它是一个可以让你输入任意机器的描述的设备。计算机程序（不论是以二元机器语言、λ 演算还是最新的函数程序语言编写的）仅仅是描述了执行特定任务的机器，而不是其他东西。

通用图灵机并不仅仅是一个机器：它是一个可以假扮成其他机器的机器。你没有必要针对特定的工作去建立一个特定的机器：使用图灵机，你只需要这一个机器，它有能力变为你希望得到的任意机器。

为了理解计算，我们可以用一下图灵机，用它作为一个实验平台。展示如何依据简单的图灵机做事是一个很有意思的练习：没有其他东西能够如此简单地让人理解机器是什么。

图灵机实验的一个伟大的例子是刻画出什么是最小的通用图灵机。多年以来，人们致力于使得机器越来越小：七个状态和四个符号，五个状态和四个符号，四个状态和三个符号。最终，在 2007 年，证明了一个仅有两个状态和三个符号的机器是“图灵完备”的（首次发表在《A New Kind of Science》[Wol02] 上）。暂时来看，不可能构建少于三个符号的通用图灵机，因此这个两/三机器是目前已知的最简单的机器了。

另外一类可行的实验是开始尝试改变这个机器，并观察其具有什么功能。当你观察到图灵机有多简单时，似乎很难相信它真的是一个通用的机器。我们可以尝试增加东西到图灵机中，随后观察它是否可以让我们做一些不能用一个标准的图灵机去完成的事情。

例如，如果尝试用图灵机来完成复杂计算，则不用花太多时间去来回扫描，而是尝试找到需要做一些事情的位置。回顾前面那个简单的减法例子：即使是一个很简单的一元减法，它也需要正确理解正向和反向扫描。如果增加另外一条磁带作为辅助存储将会怎么样呢？能否做不能在单条磁带图灵机上做的一些事情呢？

我们详细叙述我们想要做的事情。我们将要创造一个新的具有两条磁带的图灵机。机器的输入是第一条磁带，第二条磁带在机器启动时是空白的。当它扫描磁带时，可以在第二条磁带上做关于计算过程的标记。两条磁带同时移动使得第二条磁带上的注释始终和它所注释的东西对齐。转移函数也扩展到两条磁带上，状态转移规则取决于两条磁带上的值，它可以指定写在两条磁带上的符号。

辅助存储磁带可以增加图灵机的功能吗？不，你可以设计一个单条磁带的图灵机使得它的行为和有两条磁带的图灵机是一模一样的。仅仅需要在一条磁带上的单元格里面写入两个符号。为了达到这个目的，可以建立一个新的字母表，其中每一个字母符号事实上由两个符号组成。其中一个符号集 A_1 作为磁带 1 的符号，

另外一个符号集 A_2 作为磁带 2 的符号。我们可以构建一个单条磁带的图灵机，它的字母表是 A_1 和 A_2 的内积。这样一来，新机器磁带上的符号事实上就是原来磁带 1 和磁带 2 上的符号。因此我们就得到一个等价于两条磁带机器的单条磁带机器。有了这样的改变，这个单条磁带的图灵机就可以完成之前两条磁带的图灵机能完成的工作。如果图灵机可以完成这些设想的增广字母表的工作，因为它是一个常规的单条磁带图灵机，这就意味着一个通用图灵机也可以完成这些工作。

我们还可以做更多。例如，可以取消对磁头要一起移动的限制。一个双磁带的机器中，如果两条磁带独立运行，那么这个机器将会更为复杂。但是你仍然可以展示一个单磁带机是如何完成相同的事情的。双磁带机器在进行复杂计算时将会更为快速：为了仿真双磁带机器，单磁带机器不得不在两个磁带的磁头位置进行大量的来回扫描。因此，单磁带机器在仿真双磁带机器时将会慢很多。但是能用双磁带机器完成的事情单磁带机器始终也是能完成的，尽管需要更长的时间。

如果采用二维磁带又将如何呢？有些有趣的程序语言就基于二维图灵机的思想[⊖]。当然，在二维情况下貌似表达能力更强。但是并没有什么事情在二维情况下可做，却在一维情况下不可做！

我们可以用一个双磁带机器去模拟一个二维机器。因为我们已经知道可以用单磁带机器去模拟双磁带机器，所以如果能描述双磁带机如何完成二维机器做的事情，那么就可以仅仅用单磁带机去完成它。

⊖ 深奥的语言 Befunge（http://catseye.tc/node/Funge-98.html）就是二维通用图灵机的一个有趣例子。

对一个双磁带机器而言，我们映射 2D（二维）磁带到 1D（一维）磁带上，如图 22-2 所示，从而 1D 磁带上的单元格 0 对应于双磁带上的单元格（0，0），2D 磁带上的单元格（0，1）对应于 1D 磁带上的单元格 1，2D 磁带上的单元格（1，1）对应于 1D 磁带上的单元格 2，以此类推。随后，我们得到利用双磁带 1D 机模拟 2D 图灵机的方法。与此同时，我们还知道了一个用单磁带的 1D 机模拟双磁带的 1D 机的方法。

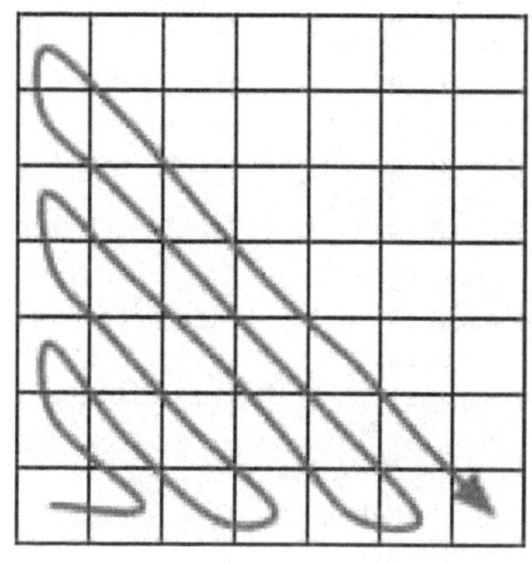

图 22-2　映射一个 2D 磁带

对我而言，这正是图灵机最大的优势。它不仅仅是一个关于计算设备的基础性理论构造，也是一个关于计算设备非常有用的、易于实验的简单构造。考虑一下 λ 演算。对许多目的而言，它比图灵机更有用。在现实世界中，我们用 λ 演算写程序，没人用图灵机程序去构建一个真实应用。但是，想象一下该如何尝试完成图灵机的可选择性构造。这便是在如 λ 演算等中建立实验的困难所在：类似地在其他机器中也存在这一问题，如 Minsky 机器、Markov 机器等。

如果你有兴趣玩一下图灵机，那么我在 Haskell 中实现了一个简单的图灵机语言。你可以从这本书的网址中获取源代码和汇编指令[⊖]。你可以给程序一个图灵机的描述和输入串，它将会给你如我们讨论过的那个机器所执行的轨迹。这里给出一个用我们的小图灵语言写的减法机器：

```
states { "scanright" "eraseone" "subtractOneFromResult"
    "skipblanks" } initial "scanright"
alphabet { '1' ' ' '=' '-' } blank ' '
trans from "scanright" to "scanright" on (' ')
    write ' ' move right
trans from "scanright" to "scanright" on ('1')
     write '1' move right
trans from "scanright" to "scanright" on ('-')
     write '-' move right
trans from "scanright" to "eraseone" on ('=')
    write ' ' move left
trans from "eraseone" to "subtractOneFromResult" on ('1')
    write '=' move left
trans from "eraseone" to "Halt" on ('-')
    write ' ' move left
trans from "subtractOneFromResult" to
    "subtractOneFromResult" on ('1')
    write '1' move left
trans from "subtractOneFromResult" to "skipblanks" on ('-')
    write '-' move left
trans from "skipblanks" to "skipblanks" on (' ')
    write ' ' move left
trans from "skipblanks" to "scanright" on ('1')
    write ' ' move right
```

语法非常简单：

- 第一行声明机器可能的状态以及其初始状态。机器有四种可能的状态：scanright（扫描右方）、eraseone（擦除一个）、subtractOneFromResult（从结果中减掉一）及 skipblanks（跳过一

⊖ http://pragprog.com/book/mcmath/good-math。

个空格）。当机器开始运行的时候，它将处在 skipright（向右跳）状态。

- 第二行声明磁带上会出现的符号集合，包括磁带的单元格中一开始就存在哪些符号，输入串中可能并没有出现过磁带单元格的值。对这个机器而言，符号包括数字1、空格、等号和减号，其中空格符号在其初始值不会特别指定的任意磁带单元格中。
- 还有一系列的转移声明。每一个声明都指定了给定初始状态和磁带符号后机器将会执行的操作。因此，如果机器处在 scanright 状态，且当前磁带单元格包括等号，那么机器状态将会变为 eraseone，并写入一个空格到磁带的单元格中（擦除“=”符号），同时移动磁带单元格到左边的一个位置。

这便是改变世界的那个机器了。它并不是一个真实的计算机，同时它和你桌上的计算机事实上也没什么关系，但它是整个计算概念的基础，而不仅仅是计算机的基础。正是由于简单，因此没有什么事情是你能用计算机完成而不能用图灵机完成的。

图灵机的基础性质就在于计算是简单的，它不需要太多东西就能工作。下一章将会从一个不同的角度——思维导图的方向来讨论计算；在这个过程中，将会探索对任何可能的计算而言究竟需要什么样的计算系统，比如图灵机。

第23章

Good Math

计算的核心与病态

按照计算机科学的说法，如果一个计算系统可以做与图灵机一样的计算，那么就称该系统是“图灵完备”的。这个概念很重要，因为图灵机是任何具有最大能力的机械计算机的一个例子。图灵机的能力可以达到，但是永远不会被超越。如果一个计算系统可以做所有图灵机能做的计算，那么它可以做任何计算机能做的事情。理解了这一点，我们进一步希望理解图灵完备的机器需要什么条件。一个机器能做所有可能的计算有多困难?

答案是非常容易。

计算机可以做非常复杂的事情，因此，我们可能认为它们会非常复杂。关于这些设备的经验仿佛也支持我们复杂性的观点：我现在用的电脑光是 CPU 就有 292 000 000 个开关，此外，在内存、闪存、图形处理器等其他单元还有数十亿个开关。这样的数字闪过你眼前的时候，你肯定认为它是非常复杂的。现代固态硅计算机是相当复杂的机器。

但是不管它们多复杂，或者不管我们期望多么复杂，至少从理论上来说，计算设备是非常简单的机器。真正复杂的地方在于如何使它们小而快、如何使它们容易编程、如何构建使得它们能够与许多设备互连。但是，事实上计算的基础非常简单，以至于你必须努力工作才能构造出一个不是图灵完备的计算系统。

因此，如何才能达到图灵完备？有四个基本要素组成计算的核心：任何机器具备了这四个要素就是图灵完备的，因而可以执行任意计算。

- **存储**：任何完备的计算设备都需要具备无限容量的存储。很明显，现实机器不具有无限存储，同时也没有程序可以使用无限存储。但是，从理论上来说，图灵完备并不意味着你需要访问如此大量的存储。存储可以是你任意想要的东西。它也没必要一定是数字可寻址的存储，如我们现实中的计算机一样。它可以是一条磁带、队列、名称-赋值的集合或者可扩张的语法规则集合。是什么存储类型没关系，只要它是无限的即可。
- **算术**：你需要能够以某种方法做算术。特别地，需要能做皮亚诺算术。细节真的无所谓。你可以用一进制、二进制、三进制、十进制、EBCDIC、罗马数字或者你能想象到的任何形式做算术。但是你的机器必须至少能做皮亚诺算术定义的基本操作。
- **条件执行**：为了做通用计算，你需要一些选择的方法。比如选择性地忽略某些代码（比如 INTERCAL 中的 PLEASE IGNORE 命令），使用条件转移、基于磁带单元格内容的状态选择或者其他各种各样的机制等。这里的关键在于你需要具有根据计算出的值或者程序输入值选择不同行为的能力。
- **重复**：每个计算系统都需要能够重复。循环、递归或其他用于迭代的重复计算是必需的，并且它们需要能够与条件执行机制协同工作，从而支持条件重复。

本章中，我们将使用这些需求去研究一个新的图灵完备的计算机器是如何提供这些核心要素的。但是，如果仅仅考察另外的机器，如图灵机，将会非常枯燥。因此，我们采用愚蠢的方式去看计算的核心要素，这种方式称为病态编程语言。

23.1 BF：伟大的、光荣的、完全愚蠢的

在现实生活中，我并不是一个数学家，而是一个计算机科学家。但我一直是一个数学极客，注意，我真的致力于应用数学领域的工作，同时构建帮助人们编程的系统。

我的一个近乎病态的癖好是编程语言。自从在中学阶段了解了 TRS-80 Mdel 1 BASIC 语言后，我就完全痴迷于编程语言。我最近数了一下，我学过大约 150 种不同的语言，并且自此以后我可以轻松地学会更多编程语言。我用其中的大多数编程语言写过程序。正如刚才所说，我是一个疯子。

这是解释本章主题出处的一种方法。这里有一个非常简单的计算设备，它有完全正式的定义和硬件实现㊀，已经变成一种令人惊讶的病态编程语言。

设计奇怪的编程语言在疯狂的极客群体中是一项很流行的业余爱好。至少有好几百种这种类型的语言㊁。甚至在这些疯狂的编程语言中，有一种语言应获得特殊的荣誉：Brainf***㊂，它由一位名叫 Urban Möller 的绅士所设计。

BF 机是一项美丽的工作。它是一个寄存器机，就是说它的计算是在存储寄存器中完成的。如果你熟悉现代电子的 CPU，那么

㊀ 分别是 http://en.wikipedia.org/wiki/P_prime_prime 与 http://www.robos.org/?bfcomp。

㊁ 如果你有兴趣，这里有一个网址：http://esolangs.org/。

㊂ http://www.muppetlabs.com/～breadbox/bf/。

就会熟悉真实的寄存器。真实的计算机硬件中，物理硬件寄存器都有固定的名字。但是在 BF 机中，它们并没有固定的名字，主要通过相对位置引用。BF 机中，在一个无限的磁带上有一个无限的数（概念上的），同时，有一个磁头用于指向当前寄存器的位置。寄存器通过它们相对于磁头的当前位置进行引用。（BF 使用相对寻址的概念，大多数现代编译器都使用相对寻址这一概念。）BF 程序通过来回移动寄存器磁头访问不同的寄存器来工作。当寄存器磁头位于某一特定单元格时，它可以增加单元格的赋值或减少单元格的值，还可以根据单元格值是否为 0 来进行条件分支。由此可见，BF 机是图灵完备的。

现在我们了解一些该机器的知识，看一下它的指令集。BF 拥有包括输入和输出在内的共 8 个指令。每一个指令都写成一个单独的字符，使得 BF 拥有最为简洁的语言语法。

- **磁带向前**（>）　磁头向前移动一个单元格。
- **磁带向后**（<）　磁头向后移动一个单元格。
- **增加**（+）　增加当前磁带单元格的值。
- **减少**（-）　减少当前磁带单元格的值。
- **输出**（.）　输出当前磁带单元格值为字符。
- **输入**（,）　输入一个字符，并将其写入当前磁带单元格中。
- **比较并向前分支**（[）　比较并向前跳——比较当前磁带单元格是否为 0：如果为 0，向前跳至与之匹配的“]”后的第一个指令；否则，去到下一个指令。
- **比较并向后分支**（]）　比较并向后跳——如果当前磁带单元格不为 0，那么往回跳至与之相匹配的“[”处。

BF 自动忽略它定义的 8 个指令字符之外的所有字符。当 BF

解释器遇到非指令字符时，会直接跳至下一个指令字符。这就意味着在 BF 中写注释时，不需要任何特殊的语法，因为可以简单地用程序指令分散你的注释。（但是也需要小心，如果使用标点符号的话，将有可能制造出破坏你的程序的指令。）

为了有一个感性的认识，下面给出一个 BF 语言的 hello-world 程序：

```
++++++++
[>+++++++++<-]
>.<+++++
[>++++++<-]
>-.+++++++..+++.
<++++++++
[>>++++<<-]
>>.<<++++
[>------<-]
>.<++++
[>++++++<-]
>.+++.------.
--------.>+.
```

为了便于理解，我们分开解释程序的每一部分。

- $++++++++$ 在当前磁带单元格中存储数字 8。我们将会使用它作为循环索引，使得循环重复 8 次。
- $[>+++++++++<-]$ 运行一次循环：完成循环索引后，使用磁带单元格，并在它上面增加 9。随后回到循环索引并减 1，并且如果它不是 0，就向后分支回到循环的最开始。当循环完成时，我们将会在第二个单元格中得到数字 72。这便是字母 H 的 ASCII 码。
- $>.$ 去到循环索引后的单元格并输出它的值，即输出 72 对应的字符 H。
- $<+++++$ 回到循环索引。这次在那里存储的值是 5。
- $>++++++<-]$ 运行另外一个循环，正如生成 H 一样：

但这一次是增加 6 到第二个单元格 5 次。（注意我们并没有消除单元格之前操作留下的值，它的赋值依然是 72。）当这一新的循环结束时，第二个单元格的值将变为 102。

- >— 越过索引，减 1，并输出寄存器的值，它将会是 101 或 e。

此后，按相同的思路继续，使用两个单元格并执行循环操作以生成字符的数字。这样的方式非常漂亮。但是与此同时，它也是一种输出“Hello world”的相当复杂的方式！很不错，对吧？

23.2　图灵完备还是毫无意义

BF 机是如何实现图灵完备的？我们从图灵完备的四个要素来看一下它的性质。

- **存储**：BF 拥有无界的磁带。磁带上的每一个单元格都能存放一个任意的整数，因此存储明显是无界的。它的工作方式需要技巧，因为你不能用名字或地址去引用单元格：程序不得不记录并跟踪磁头目前的位置以及如何使磁头跳至你希望看到的值的位置。但是仔细思考一下，这并不是一个限制。在一个真实计算机的程序中，需要跟踪所有东西——事实上，大多数程序都会使用某种相对寻址方法——因此，对于相当简单的 BF 机制，这算不上特别的限制，一定不会使得计算时存储不可使用。因此存储要求可以得到满足。
- **算术**：BF 在磁带单元格中存储整数并提供了增加或减少操作。由于皮亚诺算术定义的就是加和减操作，因此算术这一性质也满足。
- **条件执行与重复**：BF 通过一个简单的机制同时提供了条件执行与重复。“[”和“]”操作提供了条件分支。“[”可以用来有条件地跳过一组代码，并使用指令“]”回溯到分支目标。“]”指令可以用来有条件地重复一组代码，并使用指令“[”前进到分支目标。在它们之间可以创建一组代码，这组代码可以被有条件地执行与重复。这些就是我们所需要的全部性质。

23.3 从庄严到荒谬

如果上面的例子还不能使你印象足够深刻的话，那么下面是一个非常好的斐波那契序列生成器的实现的完整文档。BF 编译器会忽略规定的 8 个指令以外的所有字符，因此注释根本没必要用任何方式特意标注出来，仅仅需要注意不要使用标点符号[⊖]。

```
+++++++++++ number of digits to output
> #1
+ initial number
>>>> #5
++++++++++++++++++++++
++++++++++++++++++++++ (comma)
> #6
++++++++++++++++
++++++++++++++++ (space)
<<<<<< #0
[
> #1
copy #1 to #7
[>>>>>>+>+<<<<<<<-]
>>>>>>>[<<<<<<<+>>>>>>>-]
<
divide #7 by 10 (begins in #7)
[
>
```

⊖ BF 源代码文件可从网站 http://esoteric.sange.fi/brainfuck/bf-source/prog/fibonacci.txt 获取。

```
++++++++++  set the divisor #8
[
subtract from the dividend and divisor
-<-
if dividend reaches zero break out
copy dividend to #9
[>>+>+<<<-]>>>[<<<+>>>-]
set #10
+
if #9 clear #10
<[>[-]<[-]]
if #10 move remaining divisor to #11
>[<<[>>>+<<<-]>>[-]]
jump back to #8 (divisor position)
<<
]
if #11 is empty (no remainder) increment the quotient #12
>>> #11
copy to #13
[>>+>+<<<-]>>>[<<<+>>>-]
set #14
+
if #13 clear #14
<[>[-]<[-]]
if #14 increment quotient
>[<<+>>[-]]
<<<<<<< #7
]
quotient is in #12 and remainder is in #11
>>>>> #12
if #12 output value plus offset to ascii 0
[+++++++++++++++++++++++
+++++++++++++++++++++++++.[-]]
subtract #11 from 10
++++++++++  #12 is now 10
< #11
[->-<]
> #12
output #12 even if it's zero
++++++++++++++++++++++++
++++++++++++++++++++++++.[-]
<<<<<<<<<<< #1
```

```
check for final number
copy #0 to #3
<[>>>+>+<<<<-]>>>>[<<<<+>>>>-]
<- #3
if #3 output (comma) and (space)
[>>.>.<<<[-]]
<< #1
[>>+>+<<<-]>>>[<<<+>>>-]
<<[<+>-]>[<+>-]<<<-
]
```

这看起来是没有意义的。老实说，我不会推荐大家用 BF 来写严肃的程序。但是 BF 确实是一个非常简单的语言，它也是我所了解的最小的图灵完备计算系统的最好例子：包括输入和输出在内，一共才 8 个指令。

对图灵完备而言，这是一个非常好的说明：BF 有它需要的所有核心要素：寄存器磁带上的无界存储，增加和减少指令的算术，使用“[”和“]”指令的控制流与循环。这便是计算的核心。

第24章

Good Math

微积分：不是那个微积分，是λ演算

在计算机科学领域，尤其是在编程语言领域，当我们尝试理解或证明关于计算的事实时，会使用一种称为λ（lambda）演算的工具。

λ演算是由美国数学家 Alonzo Church（1903—1995）设计的，它是停机问题的第一个证明的一部分（我们将会在第27章进一步介绍）。图灵的成就很大程度上应归功于他，他的证明也是大多数人需要记住的。但是，Church 独立完成了他的工作，并且事实上，他的证明最先发表！

λ演算可能是计算机科学领域使用最为广泛的理论工具。例如，对程序员而言，它是用来描述编程语言如何工作的首选工具。函数式编程语言（如 Haskell、Scala 甚至 Lisp）都是强烈基于λ演算的，它们仅仅是纯粹λ演算的另外一种语法描述。但是λ演算的影响并不仅仅局限于相当难懂的函数式语言。Python 与 Ruby 也都深受λ演算的影响，甚至连 C++的模板元编程也深深地受到了λ演算的影响。

除编程语言之外，λ演算也广泛地被逻辑学家和数学家用来研究计算的性质和离散数学的结构，甚至还被语言学家用来描述口语的含义。

是什么使得它如此伟大？我们将在这一章看到详细解释，这里先简单解释一下：

- **λ演算是简单的**：为了构建表达式，它仅仅需要三个组件——定义、标识符引用以及应用。为了计算两个组件的表达式的值，仅仅需要两个计算法则：α（又名 alpha）与 β（函数应用 beta）。
- **λ演算是图灵完备的**：如果一个函数可以被任意可能的计算设备计算出来，那么它一定也能写为λ演算。
- **λ演算易于读写**：它有类似于编程语言的语法。
- **λ演算有强语义**：它基于一个固定的正式模型的逻辑结构，这意味着非常容易解释它的行为。
- **λ演算是可扩展的**：它的简单结构使其很容易制造变体去探索各种不同结构化计算的性质或者语义。

λ演算基于函数的概念。λ演算的基本表达式是函数的一种特殊形式的定义，我们称之为λ表达式。在纯粹的λ演算中，所有东西都是函数，你能做的唯一事情是定义和使用函数，因此除了函数之外没有任何值。听起来可能很奇怪，但是事实上它根本就不是什么限制：可以使用λ演算函数去创建我们希望的任何数据结构。

有了这些引导，我们开始深入地考察λ演算。

24.1 写λ演算：几乎就是编程

在详细描述λ演算之前，我们仔细考虑一下是什么使得它是一个演算。对大多数人而言，演算这个词意味着某些非常具体的事情：比如牛顿和莱布尼茨发明的微积分演算。λ演算和这类演算没有任何关系。

按数学术语，演算是一个符号控制的表达式系统。微分演算是演算，因为它是一种用来表达数学函数的控制表达式。λ 演算是演算，因为它描述了如何控制描述计算的表达式。

这种定义演算的方法非常类似于我们在第 12 章中的逻辑定义。它有语法，该语法描述了如何在语言中写句子和表达式，同时它也有一个计算法则的集合，可以支持你在该语言中用符号控制表达式。

我喜欢 λ 演算的原因之一是它对程序员而言是非常自然的。相反，图灵机很简单漂亮，但是用图灵机处理复杂的事情时，却是有相当难度的挑战。但是 λ 演算呢？它本身就像编程。可以将其理解成构建编程语言的模板（某种程度上，因为它已经成为构建编程语言的主要模板）。λ 演算的语言基本上是一个基于表达式的超简单的编程语言，仅仅包含三种表达式：

- **函数定义**：λ 演算中的函数是一个表达式，写为 λ param. body。它使用一个参数定义函数。
- **标识符引用**：标识符引用是一个名字，该名字与函数表达式中定义的参数名字相匹配。
- **函数应用**：应用一个函数是把参数放在函数值前面，例如 xy 表示将 x 应用到值 y 上。

如果加以注意，则会发现关于函数定义的一个问题。它们仅仅支持一个参数！那么如何用一个参数写出所有的函数呢？如果只使用一个参数，那么甚至不能实现一个简单的加法函数！

上述问题的解决办法是 λ 演算的基础内容之一：许多我们以为的事情事实上都不是核心要素。λ 演算表明我们根本不需要有多个参数的函数、数字、条件或者其他我们认为会是基础组件的东西。我们并不需要这些概念作为基础组件，因为一个简单的单参数函数就足够用来构建那些复杂的东西。

缺乏多个参数的函数并不是问题：我们完全可以用单参数的函数来构建像多参数函数行为的东西。在λ演算中，函数本身就是一些值，如同在程序里面构建新的值一样，也可以随时构建新的函数。可以利用这一能力去实现多参数函数的效果。代替双参数函数，可以写一个返回一个单参数函数的单参数函数，返回的函数作用于第二个参数。最后，这样得到的函数的效率和双参数函数的效率是一样的。这种用两个单参数函数来表示一个双参数函数的方法称为*局部套用*（currying），该名字源于逻辑学家 Haskell Curry（1900—1982），因为他最先提出了这样的概念。

例如，想要写一个函数来表示 x 加 y。可以写成这种形式：$\lambda\, x\, y.\, x+y$。也可以将其写成一个单参数的函数：

- 写一个函数输入第一个参数。
- 第一个函数返回第二个单参数函数，该函数输入第二个参数，并输出最终结果。

x 加 y 就变成了仅有一个参数 x 的单参数函数，它会返回另外一个参数为 y 的单参数函数，并且输出 x 和 y 求和的结果：$\lambda\, x.(\lambda\, y.\, x+y)$。事实上，如果给它一个名字，比如“加法”，那么就可以调用它来加 3 4。当使用它的时候，这个局部套用函数看起来就像一个双参数函数。

由于有了局部套用，因此采用单参数函数和多参数函数本质上并没有什么区别，只需能创建并返回新的函数。（知道我为什么说对实验而言λ演算非常重要了吧？只需要注意其中的任意一个，整个算法事实上就已经在我们的掌握之中了！)

我们继续练习，写具有多个参数的 λ 表达式。它仅仅是一个关于局部套用的简单语法，但是却非常方便，并且它的表达式更容易阅读。

还有一个关于 λ 演算的非常重要的事情。看第二个局部套用的例子。它能正确工作的前提条件是，当它返回函数 $\lambda\, y.\ x+y$ 时，变量 x 要能从文本中获取 λ 的调用值。如果它是单独的，且 x 可以从其他地方获取它的值，而不是从围绕 λ 的调用中获取值的话，那么它将得不到正确的结果。

这一要求变量始终被它的指定文本内容所约束的性质称为语法封闭或语法绑定。在编程语言中，我们称之为词汇绑定。它告诉我们将在函数中使用的变量定义：不管在哪里使用函数，所有变量的值都来自于它的定义。

正如许多编程语言一样，λ 演算的所有变量都必须声明。声明变量的唯一办法就是用一个 λ 表达式绑定。对一个要被计算的 λ 演算表达式而言，它不能引用任何没有绑定的标识符。如果一个标识符定义为一个封闭的 λ 表达式中的参数，就称其被绑定；如果一个标识符不受限于任何封闭的环境，就称其为自由变量。下面看几个例子：

- $\lambda\, x.\ p\ x\ y$：在这一表达式中，y 和 p 是自由的，因为它们不是任何封闭的 λ 表达式的参数；x 是被绑定的，因为它是函数定义中的封闭表达式 pxy 的一个参数。
- $\lambda\, x\ y.\ y\ x$：在这一表达式中，x 和 y 都是被绑定的，因为它们都是函数定义的参数，该表达式没有自由变量。
- $\lambda\, y.\ (\lambda\, x.\ p\ x\ y)$：这一表达式更为复杂，因为它包含了一个内

部的 λ。我们就从这里开始。在内部 λ 即 λ $x.p\ x\ y$ 中，y 和 p 是自由的，而 x 是被绑定的。在全部表达式中，x 和 y 是被绑定的：x 绑定于内部的 λ 表达式，y 绑定于另外的一个 λ，而 p 则一直是自由的。

一般使用 free(x) 来表示表达式 x 中所有自由的标识符集合。

只有当 λ 演算表达式中的所有变量都是被绑定的时候，它才是有效的（从而是可计算的）。当我们看某个环境中一个复杂表达式的一个小的子表达式时，它们可以有自由变量。这意味着正确对待子表达式中的自由变量是非常重要的。我们将在下一节看到如何通过重命名操作 α 来解决这一问题。

24.2 求值：运行

关于 λ 演算的表达式计算只有两种实用的规则：α 变换和 β 归约。

α 是一个重命名操作。在 λ 演算中，变量的名字没有任何实际意义。在 λ 表达式中，如果在一个变量的绑定点对它重命名，并且在所有使用它的地方都对它重命名，那么就没有改变它的任何含义。当计算一个复杂表达式的值时，往往会碰到在若干不同地方使用相同变量名字的情况。α 变换正是用于替换变量名，使得名字不会冲突。

例如，如果有一个形如 λ x. if(= x 0) then 1 else x^2 的表达式，则可以做 α 变换，用 y 来替换 x（记为 $\alpha[x/y]$），从而可以得到新的表达式 λ y. if(= y 0) then 1 else y^2。

进行 α 变换并不会改变表达式的任何意义。但是我们稍后会看到，这样做是非常重要的，因为如果没有这一变换，我们往往会碰到一个变量符号绑定在两个不同的λ表达式中。（当进行递归操作时这一点非常重要。）

β归约是一个有趣的规则：这一规则使λ演算能够执行任何可以由机器完成的计算。

β归约就是在λ演算中应用函数的方法。如果有一个函数应用，则可以用它替换λ的主体，然后采用该参数表达式替换λ表达式中的所有参数。这听起来有点复杂，但是当你看它的操作时会发现它是非常简单的。

假设有这样一个应用表达式：$(\lambda\, x.\, x+1)\ 3$。通过执行β归约，可以替换这一应用中的主体$x+1$，并用变量符号（x）来代换（或α操作）参数（3）的值。（这一操作可记为$\alpha[x/3]$。）因此就把所有 3 用x来替换了。β归约的最终结果是$3+1$。

我们看一个稍微复杂一点的例子：$\lambda\, y.(\lambda\, x.\, x+y)\ q$。这是一个有趣的表达式，因为它的一个λ表达式的结果在另外一个λ表达式中；就是说，它是一个由函数构造的函数。当我们进行β归约时，将所有参数y都替换为标识符q，因此最终结果变为$\lambda\, x.\, x+q$。

再来看一个例子。假设有$(\lambda\, x\, y.\, x\, y)(\lambda\, z.\, z^{*}z)3$。这个函数有两个参数，并且应用第一个参数到第二个参数中。当计算它的值时，用$\lambda\, z.\, z^{*}z$替换第一个函数中的x，同时用 3 替换参数y，得到$(\lambda\, z.\, z^{*}z)3$。可以对该表达式进行β归约，得到$3^{*}3$。

正式地，β归约定义如下：

$$\lambda\, x.\, Be = B/[x/e] \text{if } \mathrm{free}(e) \subseteq \mathrm{free}(B/[x/e])$$

最后这一条件就是我们为何需要 α：在绑定标识符和自由标识符之间没有任何冲突的话，才能做 β 归约。如果在 e 中标识符 z 是自由的，那么需要确定的是 β 归约不会使得 z 变为绑定的。如果 B 中的一个绑定变量和 e 中的一个自由变量发生了名称冲突，那么就需要做 α 变换改变标识符，使得它们的名字不同。

为清晰起见我们举例说明。假设有一个表达式定义了一个函数 $\lambda z.(\lambda x.x+z)$。现在，假设想要应用它：$(\lambda z.(\lambda x.x+z))(x+2)$。在参数 $(x+2)$ 中的 x 是自由的。接下来，假设想打破规则去做 β 归约。我们可以得到 $\lambda x.x+x+2$。曾经在 $x+2$ 中自由的变量现在被绑定了！我们改变了这个函数的含义，而实际上并不应该这么做。如果我们在不正确的 β 归约操作后继续应用该函数，则会得到 $(\lambda x.x+x+2)3$。β 操作后，得到了 $3+3+2$，即 8。

如果之前先做一个 α 操作，将会是什么样呢？

首先，我们做一个 α 操作防止名称重复。通过 $\alpha[x/y]$ 操作，可以得到 $\lambda z.(\lambda y.y+z)(x+2)$。

随后，通过 β 操作得到 $\lambda y.y+x+2$。如果采用这样的方法进行 β 操作，那么可以得到 $3+x+2$。$3+x+2$ 这一结果和 $3+3+2$ 是非常不一样的！

上述便是在 λ 演算中所能做的所有事情。所有计算实际上仅仅是 β 归约，同时辅以 α 重命名以防止变量名冲突。以我的经验来看，这便是关于计算的最简单的正式系统了。它比状态-磁带形式的图灵机简单得多，其本身就是一种做计算的简单方式。

如果对你而言太过简单，这里有另外的可选法则，称为 η 转换。η 是一种增加了扩展性的法则，它提供了函数之间表达相等的方法。

在任意λ表达式中，只要对任意可能的参数值 x 而言有 $f\ x=g\ x$，那么就可以用 η 转换将值 f 用 g 替换掉。

24.3　编程语言与λ策略

在本章开始，介绍了很多关于编程语言设计中λ演算是如何有用的信息。至今，λ演算提供了什么样的好处依然不甚明了。为了更为形象地观察计算从何而来，我们快速看一下λ演算策略以及它们与编程语言的关系。

在任何编程语言课程中，你都会学到不同的计算策略：紧迫求值与懒惰求值。

这些思想涉及编程语言中参数输入的机制问题。假设要调用一个函数 $f(g(x+y), 2^*x)$。在一个紧迫求值的编程语言中，首先计算参数的值，并且在参数值被计算出来后才调用函数。因此在这一例子中，调用 f 之前，需要计算 $g(x+y)$ 和 2^*x；当计算 $g(x+y)$ 时，调用函数 g 之前需要首先计算 $x+y$。事实上，这就是许多常见的编程语言的工作方式，例如C、Java、JavaScript、Python等。

在懒惰求值中，只有在需要的时候才去计算表达式的值。在我们的例子中，首先调用函数 f。在 f 需要使用表达式的值之前，不用去调用 $g(x+y)$。如果 f 从来都不使用参数表达式 $g(x+y)$ 的值，那么它将永远不会计算 g，从而永远都不去调用它。这种计算方法是很有用的，它是Haskell和Miranda等语言的基础。

准确定义紧迫求值与懒惰求值方法是非常困难的，除非使用λ

演算。

如上所见，在λ演算中，计算实际上是通过重复使用β归约实现的。如果观察λ演算表达式，会发现它们一般是由许多不同的β归约组成的，这些β归约可以在任何时刻执行。至今我们已经看到，当需要选择执行哪个β归约时，需要解释构造的含义。如果考虑编程语言，那么就不能特别设定：语言需要可预测！需要详细地指定β归约如何操作和重复。

我们称执行β归约的方法为求值策略。最常见的两种求值策略如下：

- **应用次序**：在应用次序中，找到最里面的表达式并且从右往左执行β归约。实际上，可以将λ表达式看作一棵树，按照从右到左、从叶子往上的顺序进行求值操作。
- **标准次序**：在标准次序中，从最外面的表达式开始，并从左往右求值。

应用次序正是紧迫求值，而标准次序是懒惰求值。让我们看一个例子来观察其中的区别：(λ x y z. +(* x x) y)(+3 2)(* 10 2)(/24(* 2 3))。

- **应用次序**：在应用次序中，我们从最里面的表达式开始并从右往左求值。上式中最里面的表达式是（* 2 3）。因此，做β归约求值得到6。随后从右往左，我们求式子（/24 6），(*10 2)，(+3 2)。这可以将表达式归约为（λ x y z. +(* x x) y) 5 20 4。接着，我们归约最外面的λ：(+(* 5 5)30)，如此便可得到(+25 30)，最终结果为55。
- **标准次序**：在标准次序中，我们从最外面的左边开始。因此，首先做外面的β归约，得到（+(*(+3 2)（+3 2))(* 10 2))。

注意二者的最重要的不同之处是，在应用次序求值过程中，我们首先求出了所有参数的值；而在标准求值过程中，在需要它们之前我们并没有求出所有参数的值。在标准次序求值中，我们永远都不用求出参数表达式（/24(* 2 3)）的值，因为根本不会用到那个值。

λ 演算展示了两个不同的求值策略执行相同计算时会得到相同的结果。它同时也给出了一个关于懒惰方法的非常简单的定义方式。一般地，我们称在使用之前不会去求它的值的方式为懒惰求值，但是这并没有解释如何知道什么时候才去求某个值。标准次序求值为我们定义了懒惰性：当一个表达式的最左、最外没有被求值时，需要求它的值。

类似地，在 λ 演算中，我们还可以看到参数的不同传递策略，如值调用、引用调用和名称调用等。

现在看一下第一个 λ 演算：如何读取、写以及如何求值。通过展示不同的 β 归约次序如何用于描述不同的编程语言语义，我们已经了解了一点为何 λ 演算那么有用。

至此，我们依然遗漏了一些非常重要的东西。我们已经用数字来掩饰了，但是并不知道如何才能使得它们工作：我们知道在 λ 演算中唯一真实可计算的步骤是 β 归约，但是并不知道如何只用 β 归约做算术运算。类似地，我们也不知道如何使用 β 归约做条件或迭代操作。没有了数字、迭代和条件，λ 演算不会是图灵完备的！

在下一章中，我们将会填补这些空白。

第25章

Good Math

数字、布尔运算和递归

25.1 λ演算是图灵完备的吗

正如我们上一章所说，λ演算是图灵完备的。现在需要问一下自己：它是如何做到图灵完备的？还记得计算的三个性质吗？需要有无限的存储，需要可以做算术，还需要能够控制操作。在λ演算中如何做到这些？

存储部分是非常简单的。可以在变量中存储任意复杂的值，同时还可以生成足够多的函数使得它无限。因此无限存储是很明显的。

但是算术呢？本书至今仅仅将算术问题视为一个组件来处理。事实上，仅仅使用λ表达式就可以创造一种非常酷的方式去做算术问题。

选择和重复问题怎么解决呢？至今我们没有在二者之间做出选择的方法，也没有方法能进行重复操作。如何获得这些性质是很难想象的：首先，可以看到在λ表达式求值中我们的能力是如此之小，能做的所有事情仅仅是重命名或者替换东西。我们将会看到基于做算术的方式可以得到做选择的方法。同时，在λ演算中，也可以用一个非常巧妙的技巧实现重复操作。λ 演算中实现重复操作的唯一方法是递归，这里唯一需要使用的东西称为不动点组合器。

这些需要用来实现图灵完备的东西都没有在 λ 演算中。但是，幸运的是所有这些东西都能构造出来。因此，在这一章中，我们将会看到如何在 λ 演算中构造这些需要的东西。

为了便于描述，在开始之前，首先介绍一种命名的方法。在编程语言世界中，我们称之为*语法糖*——它只是一种符号简写——但是，当开始查看一些更为复杂的表达式的时候，在可读性方面它们有着非常大的区别。

我们定义一个*全局函数*（全局函数将在整个 λ 演算过程中被使用，除了表达式中的特别声明以外），如下所示：

$$\text{square} = \lambda\, x.\, x^* x$$

该式声明了一个名为 square 的函数，它的定义是 $\lambda\, x.\, x * x$。如果有一个表达式 square 4，这个定义就意味着它将被有效地处理为表达式 $(\lambda\ \text{square}.\ \text{square}\ 4)(\lambda\, x.\, x \times x)$。

25.2 计算自身的数字

为了证明 λ 演算是图灵完备的，至少需要证明两件事情。我们需要能进行算术运算，也需要能够做流控制。对算术而言，可以——再次提醒——创造数字。但是，这次我们使用 λ 表达式来实现。我们也会看到如何运用这一创造数字的相同机制，同时将它们变成条件结构 if/then/else，这些就是在 λ 演算中需要的流控制的一半工作。

如上所见，λ 演算中需要完成的工作就是将函数写成 λ 表达式。如果想要创造数字，就不得不设计某种创造对象的方法，该方法只需要函数就可以完成皮亚诺算术。幸运的是，λ 演算的天才发明者 Alonzo Church 完成了这项工作。他的数字即函数方法被称为 Church 数码。

在 Church 数码中，所有的数字都是有两个参数的函数：s（表示后继数）和 z（表示零）。

- Zero＝λ $s\ z.\ z$
- One＝λ $s\ z.\ s\ z$
- Two＝λ $s\ z.\ s(s\ z)$
- Three＝λ $s\ z.\ s(s(s\ z))$

以此类推，任意自然数 n 都可以用 Church 数码表示，函数应用它的第一个参数到它的第二个参数 n 次。

理解 Church 数码的一种比较好的办法是把 z 视为一个函数的名字，该函数会返回一个 0 值，同时将 s 视为后继函数的名称。

Church 数码绝对是令人惊奇的。如同 λ 演算中的其他组件一样，它们都成就了 Alonzo Church 的光辉伟业。其漂亮之处在于它们并不仅仅是数字的表达，而是关于计算的一种直接表示法，可用于皮亚诺公理里面的数字。这里我想表达的意思是：想象一下另外的表示数字的方法，那么我们就可以用这种新的表示法写出零函数以及后继函数。例如，可以用串来实现一进制数：

- UnaryZero＝λ x. ""
- UnarySucc＝λ x. append "1" x

如果用 Church 数码表示数字 7 的话，将会是 λ $s\ z.\ s(s(s(s(s(s(s(z)))))))$，将其应用到 UnaryZero 和 UnarySucc 中，结果将会

是 1111111，即 7 的一进制表示。

加法不在这种相同的自身计算准则中。如果有两个数 x 和 y，想对它们做加法，则可以将 y 视为 0 函数并调用 x，那么 x 将会将其自身加到 y 上去。

事实上要稍微复杂一些，因为需要确定 x 和 y 使用的是相同的增加函数。如果想要做 $x+y$ 运算，则需要 4 个参数来写出函数，其中两个数表示加法，另外的 s 和 z 值在我们希望得到的结果中：

$$\text{add} = \lambda\, s\, z\, x\, y.\, x\, s(y\, s\, z)$$

这一定义中需要注意两点：首先，它用了两个参数表示两个需要作加法的数值；其次，它需要标准化一些东西使得两个被加的值最终共享相同的零值和后继数值。为了看清楚如何将这些工作合在一起，我们梳理一下定义。

$$\text{add\_curry} = \lambda\, x\, y.\, (\lambda\, s\, z.\, (x\, s(y\, s\, z)))$$

仔细观察上式，add_curry 意味着如果想计算 x 加 y，那么需要做如下工作：

1. 用参数 s 和 z 创造 Church 数码 y。

2. 采用相同的 s 和 z 函数，将 x 作用在上述结果中。

看如下例子，我们用 add_curry 去加数 2 和 3。

例：用局部套用函数实现 2+3。

1. $2=\lambda\, s\, z.\, s(s\, z)$

2. $3=\lambda\, s\, z.\, s(s\ (s\, z))$

3. 现在我们计算：add_curry$(\lambda\, s\, z.\, s(s\, z))\ (\lambda\, s\, z.\, s(s(s\, z)))$。

4. 在 2 和 3 中使用相同的名字会有问题，因此对它们做 α 变换，在 2 中用 $s2$ 和 $z2$，在 3 中用 $s3$ 和 $z3$。由此可得：add_curry(λ $s2$ $z2$. $s2$($s2$ $z2$))(λ $s3$ $z3$. $s3$($s3$($s3$ $z3$)))。

5. 现在我们用 add_curry 的定义替换它：(λ x y. (λ s z. (x s y s z))) (λ $s2$ $z2$. $s2$($s2$ $z2$))(λ $s3$ $z3$. $s3$($s3$($s3$ $z3$)))。

6. 对外层函数应用做 β 归约：λ s z. (λ $s2$ $z2$. $s2$($s2$ $z2$)) s (λ $s3$ $z3$. $s3$($s3$($s3$ $z3$)) s z)。

7. 现在得到有趣的部分：继续对 3 的 Church 数码做 β 归约，这通过将其应用于 s 和 z 参数实现。这样就标准化了 3：它替换了 3 的定义中的后继函数和零函数。结果变为：λ s z. (λ $s2$ $z2$. $s2$($s2$ $z2$)) s(s(s(s z)))。

8. 继续进行 β 归约操作，这次针对 2 中的 λ。操作方法如下：2 是一个有两个参数的函数：一个后继函数和一个零函数。为了实现 2＋3，我们使用经过 add_curry 函数外部的后继函数，同时使用 3 求值的结果作用到 2 的零函数上，即 λ s z. s(s(s(s(s z))))。

9. 最后得到了我们希望得到的结果：5 的 Church 数码！

Church 数码是全世界最酷的数字表示法，此外，它也设置了如何在 λ 演算中构建计算的模式。你可以根据自己的需要结合其他函数来写函数。

25.3　决定？回到 Church

撇开数字，我们现在来关注图灵完备性。至此，我们依然遗漏了两件事情：做决定的能力和重复。

为了做决定，我们将会采用一些非常类似于处理数字的方法。为了表示数字，我们建立函数去计算数。为了做出选择，我们几乎采取相同的技巧：构造布尔值去进行选择操作。

为了做决定，像在大多数编程语言中一样，可以将选择写成 if/then/else 表达式。遵循 Church 数码的基本模式，在 Church 数码的表示方法中，将数字描述成一个函数，将其自身加到另外的数上，我们把真值和假值表示为在参数上执行 if/then/else 操作的函数。某些时候，称其为 Church 布尔值（它们也是 Alonzo Church 所发明的）。一个 if/then/else 选择构造基于两个布尔值：真和假。在 λ 演算中，我们将其表示为函数（还有其他表示吗?）。它们是两参数函数，包括两个值：

- TRUE=$\lambda\ t\ f.\ t$
- FALSE=$\lambda\ t\ f.\ f$

基于 Church 布尔值是很容易写 if 函数的，它的第一个参数是条件表达式，它的第二个、第三个参数都是求值表达式，如果条件为真，则计算第二个表达式，否则计算第三个表达式。

$$\text{IfThenElse} = \lambda\ \text{cond}\ t\ f.\ \text{cond}\ t\ f$$

我们也可以构造通常的布尔操作：

- BoolAnd=$\lambda\ x\ y.\ x\ y$ FALSE。
- BoolOr=$\lambda\ x\ y.\ x$ TRUE y。
- BoolNot=$\lambda\ x.\ x$ FALSE TRUE * 。

我们进一步观察它们是如何工作的。首先看一下 BoolAnd。

从求 BoolAnd TRUE FALSE 的值开始。

1. 扩展 TRUE 和 FALSE 的定义：BoolAnd($\lambda\ t\ f.\ t$)($\lambda\ t\ f.\ f$)。

2. 对真和假执行 α 变换：BoolAnd(λ *tt tf*. *tt*)(λ *ft ff*. *ff*)。

3. 扩展 BoolAnd：(λ *t f*. *t f* FALSE)(λ *tt tf*. *tt*)(λ *ft ff*. *ff*)。

4. 进行 β 归约：(λ *tt tf*. *tt*)(λ *ft ff*. *ff*) FALSE。

5. 再次进行 β 归约：(λ *xf yf*. *yf*)。

最终我们得到结果：BoolAnd TRUE FALSE=FALSE。

再来看 BoolAnd FALSE TRUE：

1. BoolAnd (λ *t f*. *f*) (λ *t f*. *t*)。

2. 进行 α 变换：BoolAnd(λ *ft ff*. *ff*) (λ *tt tf*. *tt*)。

3. 扩展 BoolAnd：(λ *x y*. *x y* FALSE) (λ *ft ff*. *ff*) (λ *tt tf*. *tt*)。

4. 进行 β 归约：(λ *ft ff*. *ff*) (λ *tt tf*. *tt*) FALSE。

5. 再次进行 β 归约，最后以 FALSE 结束。所以 BoolAnd FALSE TRUE=FALSE。

最后，我们试一下 BoolAnd TRUE TRUE：

1. BoolAnd TRUE TRUE。

2. 扩展两个真值：BoolAnd(λ *t f*. *t*) (λ *t f*. *t*)。

3. 进行 α 变换：BoolAnd(λ *xt xf*. *xt*) (λ *yt yf*. *yt*)。

4. 扩展 BoolAnd：(λ *x y*. *x y* FALSE) (λ *xt xf*. *xt*) (λ *yt yf*. *yt*)。

5. 进行 β 归约：(λ *xt xf*. *xt*) (λ *yt yf*. *yt*) FALSE。

6. 再次进行 β 归约：(λ *yt yf*. *yt*)。

7. 因此，BoolAnd TRUE TRUE=TRUE。

其他的布尔操作采用非常类似的方法。基于 Alonzo Church 的创造性工作，我们几乎拥有了证明 λ 演算是图灵完备的所有条件。

唯一还缺的就是递归了。但是 λ 演算中的递归是一场真正的思想盛宴！

25.4　递归

我们已经建立起将 λ 演算转换成一个有用系统的各个部分——有了数字、布尔值和选择操作，唯一缺乏的就是某种类型的重复或迭代。

在 λ 演算中，所有的迭代操作都是通过递归完成的。事实上，递归是描述迭代的一种很自然的方式。你可能需要花一些工夫才能习惯它，但是如果你在某些函数式语言（比如 Scheme、ML 或者 Haskell 等）上已经花了很多时间，那么应该已经很熟悉它了。随后，当你回到命令式语言如 Java 时，就不得不将所有的迭代操作变为循环结构而不是用递归来实现它们。

如果你之前不熟悉递归，那么现在理解起来可能会有些困难。因此我们从递归的基础开始讲起。

理解递归

我所见过的关于递归的最聪明的定义来自于《The New Hacker's Dictionary》[Ray96]，定义如下：

> **递归：**见“递归”。

递归是按照它们自身的方式定义事物。它看起来简直就像魔术一样，除非你熟悉它。这里的准则和我们之前在第 1 章所叙述的一样，只是应用于定义而不是证明。

最方便解释的方法就是举例，比如阶乘。我们考虑阶乘。阶乘的函数形式为 $N!$，这里的 N 可以为任意自然数：对任意自然数 N，它的阶乘是所有小于等于 N 的整数的乘积。

- 1！＝1
- 2！＝1＊2＝1
- 3！＝1＊2＊3＝6
- 4！＝1＊2＊3＊4＝24
- 5！＝1＊2＊3＊4＊5＝120

以此类推。

如果观察上述定义，会觉得它非常麻烦。但是如果看这个例子的序列，则发现是有模式可遵循的：任意数 N 的阶乘是一系列数的乘积，同时，这个序列与前一个序列是一样的，只是在后面加了数 N。

我们可以使其变得稍微简单一些，仅仅替换序列中 N 前面所有数的乘积为一个数：

- 1！＝1
- 2！＝1＊2＝2
- 3！＝2＊3＝6
- 4！＝6＊4＝24
- 5！＝24＊5＝120

以此类推。

现在这个模式就变得更容易理解了。观察 4！ 和 5！：4！＝24，5！＝5＊24，因此可以说 5！＝5＊4！。

事实上，对任意自然数 N，都有 $N!=N*(N-1)!$。

这个表达式并不能很好地工作，因为它永远不会停止。比如计算3!：$3!=3*2!=3*2*1!=3*2*1*0!=3*2*1*0*(-1)!=\cdots$。

可以一直继续下去，因为我们就是这么定义它的，再强调一下，我们永远不会停止。这个定义没有告诉任何停止的方法。

为了实现递归工作，需要给它一种最终停止下来的方法。正式地说，需要定义一个基本情形：一个递归停止的地方，在这个地方可以获得某个值，而递归不会再继续计算下去。

对阶乘而言，我们通过定义 0 的阶乘是 1 来实现。这样的定义是有效的：阶乘被限定为只有正整数才有效，对任意正整数而言，递归定义将会一直扩展，直到它遇到 0! 才会停止。因此，我们再来看一下 3! 的例子：$3!=3*2!=3*2*1!=3*2*1*0!=3*2*1*1=6$。

我们在阶乘里面所见到的与将在所有的递归定义中所见到的一样。这一定义将被写成两种情形：一般情形是递归地定义函数，特殊情形是非递归地定义一个特殊值的函数。

我们以条件的方式声明递归定义的两种情形，某种程度上看起来有点像程序：

- $N!=1$，$N=0$
- $N!=N*(N-1)!$，$N>0$

恭喜！现在你理解了递归的一点知识了。

λ演算中的递归

假如我们想在λ演算中写一个阶乘，将需要几个工具：需要检测是否为 0，需要一个乘数的方法，还需要减 1 的方法。

为了检测是否为 0，我们使用一个名为 IsZero 的函数，它需要输入三个参数：一个数和两个值。如果这个数是 0，它就输出第一个值；如果不是 0，它就输出第二个值。

乘法是一个迭代算法，因此在解决递归前我们无法写出乘法。但是可以利用一个函数 Mult x y 解决这一问题。

最后，对减 1 而言，我们使用 Pred x 作为 x 的前继，即 $x-1$。因此，第一次尝试用一个空的递归调用来写一个阶乘是这样的：

$$\lambda\, n.\ \mathrm{IsZero}\ n\ 1(\mathrm{Mult}\ n(**\mathrm{something}**(\mathrm{Pred}\ \mathrm{n})))$$

现在的问题是什么东西（something）能插进去呢？我们真正想做的是插入一个函数本身的拷贝：

$$\mathrm{Fact} = \lambda\, n.\ \mathrm{IsZero}\ n\ 1(\mathrm{Mult}\ n(\mathrm{Fact}(\mathrm{Pred}\ n)))$$

如何做到这一点呢？通常插入某些东西到 λ 演算中的方法是增加一个参数：

$$\mathrm{Fact} = (\lambda\, f\, n.\ \ \mathrm{IsZero}\ n\ 1(\mathrm{Mult}\ n(f(\mathrm{Pred}\ n))))\mathrm{Fact}$$

不能将函数直接作为它自己的参数插入进去：Fact 不能出现在我们将要使用它的表达式中。不能使用一个未定义的名称，并且在 λ 演算中，绑定一个名称的唯一方法是将其作为 λ 表达式的一个参数。那么，我们能做什么呢？

答案是可以使用一个称为组合器的东西。组合器是一类特殊的函数，它在函数上操作，并且只需要函数应用而不需要引用任何其他东西就可以定义。我们将定义一个特殊的近乎魔术一样的函数，该函数使得递归操作在 λ 演算中成为可能，我们称之为 Υ 组合器。

$$\Upsilon = \lambda\, y.\ (\lambda\, x.\ y(x\ x))(\lambda\, x.\ y(x\ x))$$

称之为 Υ 的原因是它的形状像一个 Υ。为了更清楚地说明它，有时候我们用树来表示 λ 演算。Υ 组合器的树见图 25-1。

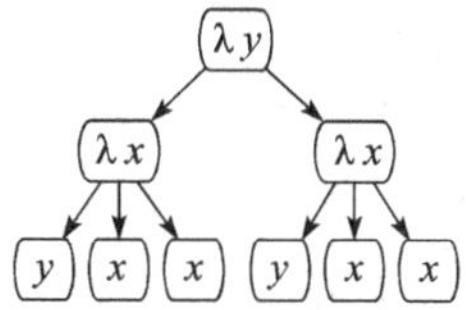

图 25-1　Υ 组合器：当 Υ 组合器画成树的形式时，它的名称由来就更清晰了

为什么这个 Υ 组合器是我们定义阶乘函数问题的答案呢？Υ 组合器是一个不动点组合器，就是说它是一个可以复制自身的"怪兽"！它很特别的原因在于对任何函数 f，Υ f 求 f Υ f 的值，进而求 f（f Υ f）的值，求 f（f（f Υ f））的值。

我们来看一下 Υ f。

- 扩展 Υ：$(\lambda\ y.(\lambda\ x.\ y(x\ x))\ (\lambda\ x.\ y(x\ x)))f$。
- 进行 β 归约：$(\lambda\ x.\ f(x\ x))(\lambda\ x.\ f(x\ x))$。
- 再次进行 β 归约：$f(\lambda\ x.\ f(x\ x))(\lambda\ x.\ f\ (x\ x))$。
- 因为 Υ f=$(\lambda\ x.\ f\ (x\ x))(\lambda\ x.\ f(x\ x))$，所以在第三步中得到的就是 f Υ f。

看，这便是 Υ 的魔力。不管你做什么，都不能让它消耗它自己。计算 Υ f 会产生 f 的另一个拷贝，同时离开 Υ f。

如何使用这个疯狂的东西呢？

还能想起定义阶乘函数的最后一次尝试吗？我们重新看一下它：

$$\text{Fact} = (\lambda\ f\ n.\ \text{IsZero}\ n\ 1(\text{Mult}\ n(f(\text{Pred}\ n))))\text{Fact}$$

稍微修改一下使得它更容易阅读：

$$\text{Metafact} = (\lambda\ f\ n.\ \text{IsZero}\ n\ 1(\text{Mult}\ n(f(\text{Pred}\ n))))$$

有了它，Fact＝Metafact Fact。

好，现在就剩最后一个问题了。Fact 并不是一个定义在 Fact 内部的标识符。怎样才能让 Fact 引用 Fact 呢？我们做 λ 抽象使得能避开 Fact 函数作为一个参数，因此我们真正需要的是找到一种写 Fact 的方法，使得能够避开它自身成为一个参数。

但是还记得 Υ f 所做的事情吗？它用 Υ f 调用 f 作为它自己的第一个参数。换句话说，Υ f 将 f 函数自身变成递归函数且作为它的第一个参数！因此阶乘函数变成

$$\text{Fact} = \Upsilon\ \text{Metafact}$$

我差不多在大学阶段就学习了 Υ 组合器，大约是 1989 年，但是那个时候我一直觉得它非常神奇。当然我现在理解它了，但不敢想象如何让每个人都理解它。

如果你对此有兴趣，强烈推荐你阅读《The Little Schemer》[FFB95] 这本书。这是一本非常好的小书。它就像一本小孩子的书，每页的正面都有一个问题，而每页的后面就是答案。它采用了非常快乐好玩的写作方式，同时也非常有趣和具有启发性，还会教你在 Scheme 中编程。

我们已经看到了在 λ 演算中用来表示任意计算的所有东西。我们用变量和复杂数值的方式展示了 λ 演算具有任意存储空间，也看到了如何利用 Church 数码的令人惊讶的自计算技巧去构建数字。我们还指出了如何利用 Church 布尔值完成选择操作。最后，我们看到了如何利用带 Υ 组合器的递归实现重复操作。这些确实花了我们不少精力，但是我们还是将它们都构造出来了，λ 演算可以做

任何我们想要它做的事情。

这样的能力是非常了不起的，因此，它被广泛使用。尤其是像我这类人，可能没有一个编程语言不被 λ 演算所影响。

不幸的是，依然还有问题。正如数学中的其他事情一样，如同 λ 这样的演算也需要模型。模型可以用来证明演算和我们定义的方式是真实有效的。没有模型，λ 演算可能会欺骗我们：它可能会像朴素集合论中的罗素悖论一样看起来很美好，但是事实上它的基础可能是有问题的，这会使得它前后不一致！

在下一章中，我们将会看一下如何填补这一空缺，并展示 λ 演算是存在有效模型的。同时，也会看到什么是类型，以及什么样的类型可以帮助我们检测逻辑程序中的错误。

第26章

Good Math

类型，类型，类型：对λ演算建模

在上一章中，我们讨论的是简单的非模型化的λ演算。但是，在λ演算出现的时候就存在的一个最大公开问题是：它合理吗？换句话说，它拥有有效模型吗？

Church 相信λ演算是合理的，但是他致力于为它寻找模型。在 Church 的研究中，他发现用简单的λ演算很容易构造出一些奇怪且有问题的表达式。他很担心会陷入 Gödel-esque 的自引陷阱中去（在第 27 章中我们将会讲解更多细节），同时也希望能够避免类型的不一致性。因此，他希望能够区分原子组件表示的值和谓词表示的值。有了这一区分后，他希望能够保证谓词只作用于原子上，而不作用于其他谓词上。

Church 通过引入类型的概念实现了这一目的。类型提供了在演算中限制表达式的一种方法，这种方法使得自引结构不可能发生，而这些自引结构会造成结果的不一致性。类型的加法创造了λ演算的一个新版本，我们称之为简单类型的λ演算。它的本来目的是希望能够证明λ演算拥有有效模型。他介绍的思想后来被证实远远高于它的本来目的：如果你曾经使用过静态类型的程序语言，那么肯定见到过λ演算的产品——由 Alonzo Church 首次引入的类型化λ演算概念是所有类型系统和我们所使用的类型的概念的基础。

类型化λ演算的第一个版本被称为简单类型，因为它是关于类型的最简单合理的概念。它提供了基本类型和函数类型，但是没有提供带参数或谓词的类型。在程序设计语言中，使用这种λ演算版本，我们可以定义类型整数，但是不能定义参数类型，如整数列表。

26.1　类型简介

当Church设计类型化λ演算的时候，目的是建立一个模型以展示λ演算是一致的。他所担心的问题是Cantor-esque自引问题。为了避免这一问题，他建立了一个将数值划分为群组的方法，称为类型，随后他用这种类型的思想限制了λ演算语言，这样使得我们不能再写一些不一致的表达式。

类型化λ演算添加到混合中的主要东西是一个名为基本类型的概念。在类型化λ演算中，你拥有一些可以操控的全局原子值。这些值将会被划分到没有交集的各个不同集合中去，这些集合称为基本类型。基本类型通常用单个小写希腊字母表示。在我们的简单类型化λ演算的描述中，将使用α来表示包含自然数的类型，用β表示包含布尔真/假值的类型，用γ表示包含串的类型。

一旦有了基本类型，我们就可以讨论函数的类型了。一个函数将一种类型（参数类型）的值映射到另一种类型（返回值类型）的值。用$\gamma \to \delta$表示输入是γ类型的参数值、输出是δ类型的函数值。右箭头称为函数类型构造器，它是右结合的，因此$\gamma \to \delta \to \varepsilon$等价于$\gamma \to (\delta \to \varepsilon)$。它和逻辑含义相似并不偶然：事实上，一个函数类型$\alpha \to \delta$本身就是一个逻辑蕴含：输入$\alpha$类型值到函数中，返回值的类型将是$\beta$。

为了在λ演算中使用这些类型，需要增加两个新的结构。首先，需要修改λ演算的语义，使得在λ项中包含类型信息。其次，需要增加几个规则，使得类型化程序是有效的。

语义部分很容易实现：增加一个冒号（“:”）到符号中即可。冒号绑定了表达式，或者将左边的变量绑定到右边的类型说明上。它表明了冒号左边的东西拥有冒号右边指定的类型。这种说明表达式的类型的方法称为类型归属。

我们看几个例子：

- $\lambda x: \alpha\ x+3$。这是一个简单的函数，它表明参数x的类型为α，这是自然数的名字。这个函数并没有说任何关于函数结果类型的事情，但是因为我们知道+是一个类型为$\alpha \to \alpha$的函数，所以可以推导出这个函数的结果类型将是α。
- $(\lambda x. x+3): \alpha \to \alpha$。这个函数和前一个函数是一样的，只不过使用了不同但是等价的类型描述。这次的类型归属表明了整个λ表达式的类型。我们可以推导出$x: \alpha$，因为函数类型已经被声明为$\alpha \to \alpha$，同时也意味着参数的类型是α。
- $\lambda x: \alpha, y: \delta.$ if y then $x * x$ else x。我们现在来看一个比较复杂的例子。这是一个双参数函数，其中第一个参数是α类型，第二个参数是δ类型。我们可以推导出返回值的类型，因为参数x的类型是α。知道了这一点，我们就可以看到整个函数的类型是$\alpha \to \delta \to \alpha$。第一次看可能会觉得有点奇怪，因为它是一个双参数函数，但是我们却用了多个箭头来表示类型。这个技巧在 24.1 节中解释过，λ 演算实际上就是单参数函数；多参数函数事实上是局部套用的简写。x：α y：δ. if y then $x*x$ else x 是表达式 λ x：α.（λ y：δ. if y then $x*x$ else x）的简写。λ 的内部类型是 $\delta \rightarrow \alpha$，外部类型是 $\alpha \rightarrow (\delta \rightarrow \alpha)$。

类型化的关键点在于强加 λ 演算表达式和程序的一致性。为了实现这一目的，需要能够确定程序使用的类型是否一致和有效。如果是，我们就称程序是良好类型的。检查程序是否是良好类型的方法是使用名为类型推理的系统。类型推理系统以类型声明作为公理，使用逻辑推理以确定程序中的每一个子句和表达式的类型。如果每一个表达式的类型都可以被推理出来，并且推理出的类型没有一个是不同于声明类型的，我们就称程序是良好类型的。如果一个表达式的类型是用类型逻辑推理出来的，那么我们就称这个推理是类型判定。

类型判定一般使用名为相继式（sequent）的符号来表示，它看起来就像一个分数，其中分子由我们已知是正确的陈述构成，分母是能从分子推导出来的东西。在分子中，通常有用类型语境（或者背景）表示的陈述，它是我们已经知道的一个类型判定集合。语境一般用大写字母表示。如果一个类型语境 G 包括判定 x：Υ，我们将其记为 G：$-x$：Υ''。

对简单类型 λ 演算而言，类型推理规则的简化版本如下：

类型同一论

$$x:\alpha \vDash x:\alpha$$

这是最简单的规则：如果没有另外的其他信息，那么就是变量类型的一个类型归属，然后我们就知道那个变量拥有曾经归属于它的类型。

类型不变性

$$\frac{G \vDash x:\alpha, x \neq y}{G + y:\beta \vDash x:\alpha}$$

这是一个无干涉陈述。它表示一旦我们能够判定某些变量或表达式的类型，那么增加更多其他变量或表达式的类型信息也不会改变判定。这对保持类型推理在实践中的可用性是非常重要的；它意味着只要有足够多的信息，我们就能做出判定，并且永远不需要去重新判定它。

函数类型推理

$$\frac{G + x:\alpha \vDash y:\beta}{G \vDash (\lambda x:\alpha \cdot y):\alpha \rightarrow \beta}$$

这个陈述允许我们推导给定参数类型的函数类型。如果我们知道一个函数的参数类型是 α，并知道构成函数主体的项的类型是 β，那么就知道函数的类型是 $\alpha \rightarrow \beta$。

函数应用推理

$$\frac{G \vDash x:\alpha \rightarrow \beta, G \vDash y:a}{G \vDash (xy):\beta}$$

如果我们知道一个函数的类型是 $\alpha \rightarrow \beta$，并且应用了一个类型为 α 的值，结果将会是一个类型为 β 的值。

这四个规则就是我们需要的全部。如果我们能对 λ 表达式中的所有项都得到一致的类型判定的话，那么表达式就是良好类型的。如果不是，表达式就是无效的。

下面给出一个例题。

例：$\lambda\ x\ y.$ if y then $3 * x$ else $4 * x$。

1. if/then/else 是一个内置函数，它在一个语境中。类型是 $\beta \to \alpha \to \alpha \to \alpha$，即它是一个有三个参数的函数：一个布尔值、一个布尔值为真的返回值、一个布尔值为假的返回值。想要 if/then/else 是良好类型的，则第二和第三参数必须具有相同的类型，否则函数将会有两个可能的返回类型，这会造成结果不一致。因此利用 if/then/else 函数的类型信息和函数类型推理，我们可以推导出 y 的类型必须是 β。

2. 类似地，对 if/then/else 函数中的其他表达式也做相同的事情。* 是一个从数字到数字的函数，因为我们已经用 x 作为 * 的参数，所以 x：α。

3. 一旦知道了参数的类型，我们就可以用应用推理找到 if/then/else 的返回类型：$\beta \to \alpha \to \alpha \to \alpha$。

4. 最后，可以使用函数类型推理获得最顶层的函数类型。($\lambda\ x$：$\alpha\ y$：β. if y then $3 * x$ else $4 * x$)：$\alpha \to \beta \to \alpha$。

在更复杂的程序中，我们常常要用到类型变量。类型参数是一个当前未知类型的占位符。当有一个未知类型的变量时，可以引入一个新的类型变量。最终，当我们能确定类型变量在某个地方使用时的真实类型时，可以替换它。例如，看一个非常简单的表达式：$\lambda\ x\ y.\ y\ x$。

没有任何类型说明或参数，我们将无法得知它的准确类型。但是我们可以知道 x 有某个类型，因此可以使用一个类型变量来表示它的未知类型，同时希望最后能够用一个具体的类型去替换掉这个类型变量。我们称这个类型变量为 t，它意味着采用类型同一论，可以增加判定 $x: t$。我们知道 y 是一个函数，因为它位于λ表达式的主体部分，并以 x 作为参数。由于我们不知道它返回的值的类型，所以使用另外一个新的类型变量 u，即 $y: u$（函数类型推理）。通过函数应用推理，我们可以判断 y 的应用结果类型是 u。这就意味着可以用类型变量表示函数中的所有东西的类型：$(\lambda x: t\ y: t \rightarrow u.(y\ x): u): t \rightarrow (t \rightarrow u) \rightarrow u$。除非我们知道 x 和 y 的类型，否则不能推导出任何东西来。因此，可以从λ表达式的结构推导出很多东西，但是我们无法知道它是否是良好类型的。

为了看清这个问题，假设我们的λ表达式的一个应用为：$(\lambda x\ y.\ y\ x)$ 3($\lambda a.$ if a then 3 else 2)。随后，我们可以说 y 的类型一定是 $\beta \rightarrow \alpha$（之前已经说过 β 是布尔值类型，α 是自然数类型）。由于我们将 3 代入 x，随后有 $x: \alpha$。现在就得到了不一致性：根据 y 的类型判定，t 必须是 β 类型的，但是根据 x 的类型判定，t 又必须是 α 类型的。

这便是我们需要的结果：有了简单的类型化λ演算。

26.2 证明

我们再看另一个简单的类型化λ演算的类型。任意可由如下语法构成的事物都是λ演算类型：

```
type      ::=  primitive || function || (type)
primitive ::=                          alpha; ||  beta; ||  delta; || ···
function  ::=            type          rarr; type
```

语法定义了有效类型的语义，但是它还不足以使得类型有意义。利用这一语法，可以创建出有效的类型表达式，但是并不能编写一个表达式产生一个类型值。如果表达式有一个类型，我们称表达式占据这一类型，并且称该类型是被占据类型。如果没有表达式能占据一个类型，我们就称它是不可占据的。那么，可占据类型和不可占据类型有什么区别呢？

答案来自于Curry-Howard同构。Curry-Howard同构是我所见过的最杰出的工作。这一工作表明，对一个类型化λ演算，存在相应的直觉主义逻辑：λ演算中的类型表达式是可占据的，当且仅当在相应的逻辑中这个类型是可证明的定理。

我在之前已经提及了：看$\alpha \to \alpha$这种类型。我们不把"→"看成函数类型构造器，而把它看成逻辑蕴含。"α蕴含α"明显是直觉主义逻辑的一个定理。因此$\alpha \to \alpha$是可占据的。

现在我们再来看一下$\alpha \to \beta$。它就不是一个定理，除非有其他语境能证明它。作为一个函数类型，我们可以将其理解为一个函数的类型，它输入一个α类型的参数值，输出一个不同的β类型的值。只是你自己没法完成证明，因为β需要有出处。为了使得$\alpha \to \beta$是一个定理，它必须是能被证明的。什么是证明？如果有一个程序输入α类型参数，而返回一个β类型值，这个程序就是类型可占据的证明。

事实上，λ演算程序是证明比上述说法更为深入。可以使直觉主义逻辑中的任意命题成为λ演算中的一个类型声明。随后，可以通过写一个有效的程序去证明这一声明的有效性。程序便是证明；用来实现证明的β归约是逻辑推理中的步骤。β归约和推理之间存在一对一的关系。与此同时，程序的执行也产生了一个用来证明声明正确性的具体例子。

在本章开始的时候说过，为了使得λ演算是合理的，需要一个有效的模型。这里我们得到：直觉主义逻辑就是模型。

26.3 类型擅长什么

除了可以用来构建模型外，类型还能够以惊人的方式推出λ演算中的表达式。λ演算的类型永远地改变了计算领域：它不仅仅对抽象数学研究很有用，类型化λ演算还深深地影响了实用计算。今天，它已经广泛用于编程语言的设计中，它是描述编程语言含义的工具，也是用来描述人类语言含义的工具。λ演算的类型系统永远不会停下发展的脚步：时至今日，人们依然在通过扩展λ类型系统去寻找新的可做的东西!

大多数基于λ演算的编程语言都是基于一个名为F系统的变体，它用一个非常复杂的、包含参数化类型的类型系统扩展了λ演算。（如果你想了解关于F系统的更多信息，推荐阅读《Types and Programming Languages》[Pie02]。）F系统曾经被简化用在Robin Milner发明的ML编程语言中（详见《The Definition of Standard ML (Revised)》[MHMT97]），它几乎是所有当代基于类型化λ演算的编程语言的基础。Milner凭借设计了ML语言和使用通信系统演算模型化并发计算的工作获得了图灵奖。

一旦人们真正开始理解类型，就会意识到非类型化λ演算事实上就是简单类型化λ演算的一个病态实例：一个只有一个基本类型的类型化λ演算。对模型而言，类型并不是必需的，但是它会使其更容易理解，同时也为λ演算的实际应用打开了新的视野。

简单类型化λ演算开始于一种限制λ演算表达式的方法，这一方法保证了它们的一致性。但是Church创造的这种类型方法是令人惊奇的。他不仅仅创造了一个约束系统，而是增加了一个逻辑层次到类型中。这一结果是非常惊人的，因为它意味着如果一个 λ 演算函数是良好构成的，那么它的表达式类型将会构成一个关于它的一致性的逻辑证明！简单类型化 λ 演算的类型系统是一个直觉主义逻辑：程序中的每一个类型在逻辑中都是一个命题，每个 β 归约都对应于一个推理过程，同时每个完备函数都是一个关于函数没有类型错误的证明！

第27章

Good Math

停机问题

对于一本关于计算的书而言，在最后部分还有比问计算是否会完成更好的问题吗？

计算中最基础的问题之一是，你能判定一个特定的计算是否会停止吗？对工程师写程序而言，这无疑是很重要的。一个正确的程序，最终需要能够完成它的工作并结束。如果你写了一个程序，它不会结束它的工作，那么它几乎就是不正确的。

除了判断一个特定的程序是否正确外，还有很多问题。这已经是数学的基本限制的核心问题了。

大多数时候，当数学家谈论数学的极限时，最后都会谈到Gödel不完备性定理。不完备性证明了不是所有真命题都是可证明的。不完备性定理的证明显示了数学史上大多数野心勃勃的项目最后都注定彻底失败了。这一结果使得不完备性定理成为数学史上既是最伟大又是最令人失望的结论之一。

我不打算解释这一结论。

我想给大家解释的是相对简单的程序是否会结束运行并停机这一问题。我们在第14章已经看到，逻辑证明和计算事实上是一回事。通过观察计算并询问计算是否会停止，我们可以得到几乎与不完备性含义相同的结果。我们将要看到的一个基本问题是：

如果给你一个程序 P，你能写一个新的程序告诉你自己程序 P 是否会最终结束吗？图灵花了很多时间致力于解决这一问题，他给它取了一个德国名字——判定问题（Entscheidungsproblem）。它的英文名字叫作停机问题。详细讲解这一问题前，我想首先告诉你它真的是一个很大的问题！

27.1 一个杰出的失败

20 世纪早期，由罗素（Bertrand Russell）和怀特海（Alfred North Whitehead）领导的一个数学家小组开始做一些惊人的工作，他们想建立完整的形式化数学。一开始他们只是整理了最基本的集合论，随后尝试建立完整的数学大厦使其成为一个系统，最后他们出版了《Principia Mathematica》（数学原理）。这个在原理上描述的系统是最完美的数学形式！在这个系统中，每个可能的论断都是正确或错误的：每一个正确论断都可以被证明是正确的，每一个错误论断都可以被证明是错误的。

这个例子给了你一种原理系统有多复杂的感性认识：怀特海和罗素用了 378 页的内容，只是使用纯粹的数学符号证明他们能够证明 1＋1＝2。图 27-1 给出了他们惊人的复杂证明的一个简单摘录。

如果这个基本原理正确的话，那么它就已经揭开了数学的所有秘密。罗素和怀特海已经完成了有史以来最有意义的智力工作。

很可惜，它是错误的。他们建立起来的系统有问题：不仅他们的努力失败了，甚至它被证明绝对、完全、根本不可能成功。

是什么原因造成了这一宏伟的工作土崩瓦解呢？很简单：

Kurt Gödel（1906—1978）在 1931 年发表了一篇论文“论数学原理与相关系统 I 的形式化不可判定性”，这篇文章包含了他的第一个不完备性定理。

Similarly $\vdash :. \beta \subset \iota\text{‘}x \cup \iota\text{‘}y \,.\, x \sim\in \beta \,.\supset:\, \beta = \Lambda \,.\vee.\, \beta = \iota\text{‘}y$ (3)

$\vdash .\, (2) \,.\, (3) \,.\, {*}3{\cdot}48 \,.\supset$

$\vdash :. \beta \subset \iota\text{‘}x \cup \iota\text{‘}y \,.\, \sim(x, y \in \beta) \,.\supset:\, \beta = \Lambda \,.\vee.\, \beta = \iota\text{‘}x \,.\vee.\, \beta = \iota\text{‘}y$ (4)

$\vdash .\, (1) \,.\, (4) \,.\, {*}34{\cdot}8 \,.\supset$

$\vdash :. \beta \subset \iota\text{‘}x \cup \iota\text{‘}y \,.\supset:\, \beta = \Lambda \,.\vee.\, \beta = \iota\text{‘}x \,.\vee.\, \beta = \iota\text{‘}y \,.\vee.\, \beta = \iota\text{‘}x \cup \iota\text{‘}y$ (5)

$\vdash .\, {*}24{\cdot}12 \,.\, {*}22{\cdot}58{\cdot}42 \,.\supset$

$\vdash :. \beta = \Lambda \,.\vee.\, \beta = \iota\text{‘}x \,.\vee.\, \beta = \iota\text{‘}y \,.\vee.\, \beta = \iota\text{‘}x \cup \iota\text{‘}y :\supset.\, \beta \subset \iota\text{‘}x \cup \iota\text{‘}y$ (6)

$\vdash .\, (5) \,.\, (6) \,.\supset \vdash .$ Prop

This proposition shows that a class contained in a couple is either the null-class or a unit class or the couple itself, whence it will follow that 0 and 1 are the only numbers which are less than 2.

图 27-1 《数学原理》中关于 1＋1＝2 的正式证明的摘录（见第 378 页）。图片由密歇根大学图书馆提供，见 http://quod. lib. umich. edu/cgi/t/text/text-idx?c= umhistmath；idno＝AAT3201. 0001. 001

不完备性证明了任意强大到足以表示皮亚诺算术的形式化系统要么是不完备的，要么是不一致的。不完备性证明机制很复杂但也很漂亮。

不完备性完全停止了类似于基本原理的系统性工作，因为它显示了这样的努力注定是要失败的。定理表明了任意完备系统一定是不一致的，同理，任意一致的系统一定是不完备的。这是什么意思呢？

按数学术语来说，对一个不一致的系统，可以证明一个错误的陈述。在数学世界中，这是最糟糕的缺陷。在一个逻辑系统中，如果你能证明一个错误的论断，那就意味着系统中所有的证明都是无效的！我们完全不能容忍一个不一致的系统。因为我们不能接受一个不一致的系统，所以我们建立的任何系统一定是不完备的。一个不完备的系统意味着某些正确的论断将不会被证明是真的。

不完备性意味着基本原理型系统的灾难——因为基本原理的所有努力都是为了在一个形式化的系统中所有真的论断都是可证明的。

这些与艾伦·图灵和停机问题有什么关系呢？

解释不完备性的证明是困难的。有的整本书都是致力于这一话题。我们没有时间或空间去完成这样的工作！幸运的是，艾伦·图灵的证明中有一个简单的方法，称为停机问题，可以将它看成是完成差不多工作的一个简单版本。

正如我们在第 14 章开始所言，逻辑推理系统是一类计算系统，因为逻辑证明的搜索过程是一个计算过程。这就意味着如果基本原理是可行的，那么对逻辑中的任意论断而言，证明的搜索最终会产生一个证明表明论断是正确的或错误的。总会有一个答案，并且那个答案可能最终会由一个程序生成。

因此，“论断 S 是正确的还是错误的，是否一定存在证明？”这一问题和“程序 P 是否最终会以一个答案结束？”这一问题是一回事。

Gödel 用逻辑的方法证明了上述问题：他证明了存在一些论断不是错误的，但是你不能证明它是正确的。图灵证明了等价的论断，即存在程序使得你无法得知它们是否会结束或停机。

从更深层次看，它们是一样的。但是相对理解 Gödel 的不完备性证明来说，理解停机问题是非常容易的。

27.2　是否停机

首先，我们需要定义什么是计算设备。按数学定义看，我们并不在乎它怎么工作，而是关心按抽象术语它可以做什么。因此，我们定义的是*有效计算设备*或*有效计算系统*，简写为 ECS。一个有效计算设备是任意图灵等价计算设备：它可能是一个图灵机、λ 演算求值器、Brainf*** 解释器，或者是你移动电话的 CPU。在这里，我们尽量谨慎，不明确说明，因为我们并不关心它是什么类型的机器。我们想要说明的是对任意可能的计算设备，它都不可能正确告诉程序是否会停机。

ECS 可以模型化为一个双参数函数：

$$C: N \times N \rightarrow N$$

第一个参数是程序作为一个自然数的编码；第二个参数是程序的输入。程序的输入也被编码为一个自然数。编码看起来很有限制性，但事实上并不是，因为我们可以将任意有限数据结构编码为一个自然数。如果程序停机了，函数的返回值就是程序的结果。如果程序不停机，那么函数就不返回任何值。那样的话，我们就称程序和它的输入不在 ECS 的范围内。

因此，如果你想描述输入 7 到程序 f 中，可以将其记为 $C(f, 7)$。最后，对输入 i，程序 p 不会停机的话，我们将其记为 $C(p, i)=\_$。

现在就有了有效计算设备的基础知识了，在我们能用它去阐述停机问题之前，需要装备它，使其能处理两个以上的参数。毕竟，一个停机预言程序需要两个输入：另外一个程序和程序输入。完成这一工作的最容易方式是使用*配对函数*——一个从有序对到整数的一对一函数。

有很多可能的配对函数。例如，可以同时转换两个数字为二进制形式，在小一点的那个数的左边填充使得两个二进制数长度相等，随后交错它们的比特位。例如，给定（9，3），将 9 转换成

1001，3转换成11，随后填充3为0011，最后交错它们的比特位得到10001011，或者139。具体使用哪个配对函数是没有关系的：我们知道选择某个配对函数，使得我们能将多个参数组合到一个参数中。记配对函数为 pair(x，y)。

有了配对函数的帮忙，我们现在可以描述停机问题了。问题是：是否存在程序 O，称之为停机预言机，使得：

$$\forall p,\forall i: C(O,\text{pair}(p,i)) = \begin{cases} 0 & \text{若 } \phi(p,i) = \bot \\ 1 & \text{若 } \phi(p,i) = \bot \end{cases}$$

用文字表达就是：是否存在程序 O，使得对所有的程序 p 和输入 i，如果 C(pair(p，i)) 停机的话预言机返回1，否则返回0？或者非正式地，能否写一个程序告诉我们其他程序最后是否会结束运行并且停机？

我们现在来证明。首先假设已经有了一个停机预言机 O。这意味着对任意程序 p 和输入 i 而言，C(O，pair(p，i))=0 当且仅当 C(pair(p，i))=_。

如果能设计一个程序 p_d 和输入 i，并且 C(p_d，i) 停机，但 C(O,pair(p_d，i))=0，又怎样？如果可以，那就意味着停机预言机失败了，进而表明我们不能一直确定一个程序是否会最终停机。

因此，我们来构造这样的程序，称之为欺骗者。欺骗者观察停机预言机预测它将要做的事情，然后做相反的事情。

```
def deceiver(oracle) {
  if oracle(deceiver, pair(oracle, deceiver)) == 1 then
    loop forever
  else
    halt
}
```

很简单，对吧？几乎是。但是它并不像看起来那么简单。你看，问题是欺骗者需要能够把它自己作为输入放到预言机中。但是它怎么能做到这一点呢？程序是没办法把它自己放到预言机中的。

为什么？因为我们将程序表示为一个数。如果程序包含它自己，那么它的规模就必须比它自己要大。这当然是不可能的。

顺便提一下，有很多不同的技巧可以解决这一问题。经典的方案之一是基于下述事实：对任意给定的程序 p，使用不同的数字表示法，存在一个有无限数字表示的版本。基于这一性质，可以嵌入一个程序 $d2$ 到欺骗者 d 中。此外，也有其他少量的技巧可以解决这一问题。它并不简单，甚至连艾伦·图灵在他发表的第 1 版的证明中都搞砸了！

幸运的是，存在很好的变通方案。我们关心的是是否存在一个程序与输入的组合，使 O 不能正确预测停机状态。因此我们将欺骗者放入一个参数中，使得它可以输入到它自己里面去。也就是说，欺骗者是：

```
def deceiver(input) {
  (oracle, program) =  unpair(input)
  if oracle(program, input):
    while(True): continue
  else:
    halt
}
```

接下来，我们关注程序参数值是欺骗者本身的数字形式的情况。

当 input=pair(O, deceiver) 时，对欺骗者将要做的事情，O 会做出错误预测。这也使我们又回到了证明的简单版本。停机预言机是一个程序，给定任意程序和输入，停机预言机将会正确判断程序是否会在那个输入上停机。我们可以构造一个程序和输入对，使得预言机不会做出正确预测，从而它就不可能是一个停机预言机。

这个证明表明，如果某人某个时间声称拥有停机预言机，他一定是错误的。你没必要信以为真：这个证明表明不管你怎么构建了具体的例子，预言机都是错误的。

停机问题看起来简单。给定一个计算机程序，想要知道它是否会最终结束运行。感谢图灵，我们知道这是一个你不能回答的问题。但是这个问题已经超越了计算机专家的关注点，因为计算也是数学领域的核心。在有人真正深入思考计算之前很久，计算的局限性会造成数学的局限性。事实上，我们不知道一个程序是否会停止，意味着存在一些我们不能解决的计算问题，因此，更重要的是，数学本身也不能求解。

如果你对 Gödel 和不完备性定理有兴趣，强烈推荐你阅读两本书。第一本是 Gödel、Escher 和 Bach 所著的《An Eternal Golden Braid》[Hof99]，它是我最喜欢的非小说书籍，以启发性的、有趣的、非正式的方式介绍 Gödel 的证明过程。如果你想要看更为正式和数学化的书，推荐《Gödel's Proof》[NN08]。

参考文献

[CGP99] Edmund M. Clarke Jr., Orna Grumberg, and Doron A. Peled. *Model Checking*. MIT Press, Cambridge, MA, 1999.

[CM03] William F. Clocksin and Christopher S. Mellish. *Programming in Prolog: Using the ISO Standard*. Springer, New York, NY, USA, Fifth, 2003.

[Cha02] Gregory J. Chaitin. *The Limits of Mathematics: A Course on Information Theory and the Limits of Formal Reasoning*. Springer, New York, NY, USA, 2002.

[FFB95] Daniel P. Friedman, Matthias Felleisen, and Duane Bibby. *The Little Schemer*. MIT Press, Cambridge, MA, Fourth, 1995.

[Hod98] Wilfrid Hodges. An editor recalls some hopeless papers. *The Bulletin of Symbolic Logic*. 4[1], 1998, March.

[Hof99] Douglas R. Hofstadter. *Gödel, Escher, Bach: An Eternal Golden Braid*. Basic Books, New York, NY, USA, 20th Anniv, 1999.

[Lep00] Ernest Lepore. *Meaning and Argument: An Introduction to Logic Through Language*. Wiley-Blackwell, Hoboken, NJ, 2000.

[MHMT97] Robin Milner, Robert Harper, David MacQueen, and Mads Tofte. *The Definition of Standard ML - Revised*. MIT Press, Cambridge, MA, Revised, 1997.

[NN08] Ernest Nagel and James Newman. *Gödel's Proof*. NYU Press, New York, NY, 2008.

[O'K09] Richard O'Keefe. *The Craft of Prolog (Logic Programming)*. MIT Press, Cambridge, MA, 2009.

[Pie02] Benjamin C. Pierce. *Types and Programming Languages*. MIT Press, Cambridge, MA, 2002.

[Ray96] Eric S. Raymond. *The New Hacker's Dictionary*. MIT Press, Cambridge, MA, Third, 1996.

[Wol02] Stephen Wolfram. *A New Kind of Science*. Wolfram Media, Champaign, IL, 2002.